부모가 아기에게 줄 수 있는 세상에서 가장 아름다운 선물

아기 마사지

INFANT MASSAGE
Third Revised Edition

아기 마사지

지은이 / 비말라 머클루어
옮긴이 / 곽명단

아이디북

아기 마사지

초판 발행일 : 2001년 12월 10일
초판 인쇄일 : 2011년 1월 10일

지은이 : 비말라 머클루어
옮긴이 : 곽명단
펴낸이 : 김철수
펴낸곳 : 아이디북
등록번호 : 8-44호/1988년 2월27일
주소 : 서울시 은평구 응암동 244-211
전화 : 02) 322-9822, 7792/ 팩스 02) 322-9826

ISBN 89-952265-3-6
*잘못된 책은 바꾸어 드립니다.

갓 빚은 가냘픈 팔다리
들릴 듯 말 듯 이어지는 울음소리
끊길락 말락 가까스로 뛰는 심장 고동
하지만 세상 사람들은 너의 탄생을
걱정하지도 염려하지도 않는다
너는 조물주께서 빚은 예술인 까닭이다
태양이여, 빛나라 지구여 돌아라
싱그럽고 꽃이 만발한
이 세상에 새로 온 이를 위해
걱정을 모두 털어내고, 기뻐하라.
- 리처드 르갈리엔 -

아기마사지의 놀라운 효과

아기마사지는 한때 유행의 흐름이 아니다. 이것은 부모와 아기를 긴밀하게 연결시켜 주는 아주 오래된 방식이며, 부모가 갓난아기의 몸짓 언어를 이해함으로써 말 못하는 아기를 배려하고 의사소통을 도와주는 육아 방법이다. 다시 말해 아기마사지는 부모로서 자식을 사랑할 수 있는 무한한 힘을 발휘하도록 도와준다.

또한 부모가 아기에 대한 전문가가 되도록 이끌어주는 지침으로서, 부모들이 아기 특유의 독특한 욕구를 간파하고, 그에 따라 곧바로 대처할 수 있도록 도와준다. 그런데 놀라운 것은 아기마사지를 체험하고 자라난 아이는 이기적이고 받기만 하려는 아이(모든 유아가 거치는 발달 단계상의 특징이기는 하지만)로 성장하는 게 아니라, 다른 사람의 의견을 귀담아 들어주고, 아량이 넓고, 가슴에 담긴 사랑을 다른 사람들에게 베풀 줄 아는 아이로 자라난다는 사실이다.

또한 마사지 동작을 통해 상대방을 존중하는 건전한 접촉이 어떤 것인지도 알게 된다. 뿐만 아니라 인내하는 자신의 부모를 보고 배움으로써 극기심을 익히기도 한다. 유아기에 형성된 정신적 유대감은 평생을 살아가는 데 밑거름이 되어줄 신뢰감, 용기, 의존성, 신념, 사랑을 심어준다.

"비말라 머클루어는 누구나 부모들이 모두 훌륭한 부모가 될 수 있다고 인도해준 선각자이다. 물론 내게도 참으로 훌륭한 육아법을 가르쳐준 스승이다. 내가 내 아이들을 키우는 데 사랑과 영감을 지닌 유능한 안내자가 되도록 이끌어준 그런 스승 말이다."

— 마크 앨런 / 『앞서가는 자의 비즈니스와 삶』의 저자

"아이를 사랑으로 키우는 참으로 놀라운 방법을 보여주었다! 그녀는 부모와 아이의 첫 만남의 언어를 몸으로 통해서 규정했으며 이를 토대로 고안한 아기마사지는 여러분에게 훌륭한 부모가 될 수 있는 근사한 출발점이 되어 줄 것이다."

— 주디 포드 / 『사랑의 양육법』, 『가족이 되기 위한 놀라운 방법』의 저자

"이 시대의 과업은 정신을 실현하는 일이다. 몸과 영혼과 정신을 아우른 심원한 경험을 꼭 필요한 시기에 우리 삶 속에 소개해 준 비말라 머클루어의 아름답고, 힘찬 전언, 바로 아기마사지가 우리를 변화시키고 있다."

— 캐롤라인 크래프트 / 위즈덤 라디오 방송국 연출가

감사의 말
추천의 글- 놀라운 선물, 아기마사지
추천의 글- 소아과 의사가 본 아기마사지
여는글- 내 삶을 뒤바꾼 인도인의 아이 키우는 법

제1장 아기마사지의 필요성 /25
오래된 전통 · 사랑이 아이를 그르친다? · 피부 자극은 왜 좋은가
아기도 스트레스를 받는다 · 인생의 터를 닦는 유아기

제2장 유아의 지각 세계 /45
촉각과 운동 · 미각과 후각 · 시각과 청각 · 초기 자극

제3장 유대감과 애착 /55
유대감과 애착은 환희의 몸짓언어이다 · 내 아이 남에게 맡길 때
유대감형성은 어릴때 부터 키워라

제4장 아버지들을 위한 육아교실 /71
아기가 태어난 순간부터 참여하라
초대받기를 기다리지 마라 · 아이 키우는 아버지, 성공한 엄마

제5장 유아의 긴장은 어떻게 풀어줄까 /79
편안한 아기, 편안한 자신의 모습을 상상해 보라
부모의 긴장 해소 · 제한적 복식 호흡
가벼운 접촉을 통한 신체이완 · 손 올려놓기
감미로운 노래, 달콤한 이야기 들려주기

제6장 마사지 준비 /91
마사지의 시작 · 마사지는 언제 어디서 하면 좋은가

assage

마사지하는 곳의 적절한 온도
마사지 자세 · 요람 자세 · 마사지할 때 무엇이 필요한가
마사지 오일의 종류와 선택 방법 · 마사지 기법과 힘의 세기

제7장 아기마사지의 실제/103
몸의 긴장을 풀고 깊이 호흡하라
시작 신호를 보내고 아기의 의사를 존중하라 · 사랑의 교감
다리와 발을 마사지해 줄까? · 배를 마사지해 줄까?
가슴 마사지해 줄까? · 손과 팔을 마사지해 줄까?
얼굴 마사지해 줄까? · 등 마사지해 줄까? · 스트레칭
약식 마사지 · 마사지 동작 총정리

제8장 울음, 짜증, 그리고 유아의 몸짓언어/165
안아주기 · 아기의 신호 · 발달 단계별 아기마사지 · 짜증 · 울음
아기의 언어를 경청하는 방법

제9장 유아가 아프면 어떻게 마사지를 해주나/185
열이 날 때 · 가슴 답답증 · 코막힘 · 체내 가스와 배앓이
배앓이 완화를 위한 마사지

제10장 미숙아를 위한 마사지/199
병원에 입원해 있는 미숙아의 마사지 · 마사지 시작 · 눈맞춤
통증 부위 · 스트레스 신호 · 집에서 마사지해 주기

제11장 특수아를 위한 마사지/213
특수아와의 유대감과 애착 형성 · 발달 장애 · 시각 장애 · 청각 장애
심각한 질병에 걸린 아기의 마사지

InfantMassage

CONTENTS

제 12장 마사지를 통한 형제간 유대감 형성 / 225
마사지의 시작 · 달 단계에 따른 마사지
아우를 맞는 유아를 위하여 · 건전한 신체 접촉

제 13장 입양아와 수양 자녀/239
애착 형성 · 새로운 환경에 적응하기
입양아나 수양 자녀를 위한 마사지
십대 부모들에게

감사의 말

지난 몇 년 동안 아낌없이 격려하고 도움을 준 모든 분들께 진심으로 감사드린다. 특히 이 책을 출간하도록 힘써준 토니 버뱅크와 로빈 마이클슨, 갖가지 자료와 체험담을 기꺼이 제공해준 국제아기마사지연합(IAIM)의 모든 아기마사지 전문 강사들, 「육아」 잡지의 발행인이자 편집장으로서 집필 기간 내내 아낌없이 응원해준 페기 오마라에게 깊은 감사를 드린다.

또한 이 책을 통해 인간애를 실현할 수 있도록 물심 양면으로 도와준 국제아기마사지연합의 동료들에게 고마움을 전하고 싶다. 그들이 있었기에, 전 세계의 많은 부모들에게 획기적인 육아 방법을 소개할 수 있었고, 그를 통해 유아의 욕구에 제대로 반응할 수 있는 부모로 거듭날 기회를 제공할 수 있었다고 생각한다.

아기마사지 강사 양성에 심혈을 쏟고 있는 클라라 유테 자허 라베스와 그녀의 남편 마르쿠스 자허, 아기마사지 강사 조니 루벤슈타인과 사진을 찍도록 성심성의껏 도와준 십대 부모들에게도 이루 헤아릴 수 없을 만큼 큰 은혜를 입었다.

그리고 내게 제일 먼저 아기마사지를 가르치도록 독려해준 언니 마드히 셔먼 덕분에 내 인생의 중요한 일인 아기마사지에 전념할 수 있었다. 그런 언니에게 이루 말할 수 없는 고마움을 느낀다.

사실 이 책을 구성하기까지, 사진을 선정하는 일이 무엇보다 힘들었다. 그러나 제게 도움을 주신 모든 분들께 참으로 감사하고 있다. 많은 분들께서 제공해 주신 사진 덕분에 장차 이 세상의 어린이들은 행복하고 건강하게 살아갈 것이다.

추천의 글

놀라운 선물, 유아 마사지

1974년 여름, 내가 첫 아이를 낳은 당시에는 아기마사지는 생소한 분야였지만, 나는 아기를 안아 얼러주고 싶은 마음이 정말 간절했고, 더운 여름에도 살과 살을 맞대고 딸을 안고 있으면 마냥 행복했다. 그래서 처마 밑에 깔아둔 담요 위에 딸애를 누이고 시원한 바람을 쏘이면서, 달콤한 아몬드 오일로 내 딸의 보드라운 피부를 조심스럽게 문질러 주곤 했다.

바로 그 즈음, 우리 집에서 채 5킬로미터도 떨어지지 않은 곳에 사는 비말라가 자기 아이의 몸을 마사지해 주는 것을 목격하고 감동을 받았다. 비말라는 일반인에게 아기마사지를 널리 보급시키는 데 앞장선 장본인이자, 일반 마사지와 아기마사지에 대한 저술을 집필한 몇 안 되는 작가 중 한 사람이다.

실제로 비말라의 아기마사지는 미국에서 접촉 요법을 개발하는 데 이바지하였으며, 전 세계에 마사지를 널리 보급하고 그 탁월한 효과를 입증하는 데도 한몫을 하였다. 그녀는 남보다 앞서 아기마사지와 미숙아 마사지를 개발했는데, 이것들은 현재 신체 접촉을 통한 신생아 양육 방식에 지속적인 영향을 미치고 있다.

아기마사지는 부모들과 신체접촉을 통해 아기와 교감할 수 있는 방법으로 자리잡았으며, 부모나 가족 이외 다른 사람들과도 자연스럽게 접촉할 수 있도록 도와주는 방법이기도 하다. 참고로 1960년대와 70년대에 부모가 된 사람들은 요즘에 비해 부모와 친밀한 신체 접촉을 거의 받지 못하고 자랐다. 그래서인지 비말라 책이 미국에서 신체 접촉의 혁명에 불을 당겼던 20년 전만 해도, 요즘처럼 공개적인 장소에서 뜨겁게 포옹하는 장면은 거의 볼 수 없었다.

이러한 아기마사지는 아주 오래된 전통을 지녔으면서도 혁신적이고 누구나 할 수 있다는 장점을 지녔다. 이것은 부모와 아기에게 특별한 관계를 마련해 주며, 비용도 전혀 들지 않는다. 자신의 아기를 마사지 해 주는 데는 특별한 기술이나 능력이 필요한 것도 아니다. 다만 유아는 자기 자신을 부모에게 알리고, 부모는 아기와 접촉할 수 있는 지극히 자연스러운 방식이라고 볼 수 있다.

실제로 신체 접촉은 음식물 못지 않은 아기 성장의 중요한 양분이다.이는 전세계 부족 사회를 연구한 인류학자 마가렛 미드(Margaret Mead)에 의해서도 증명되었다. 즉, 매우 폭력적 성향이 강한 부족의 경우, 유아기에 신체적 접촉을 억제 당했다는 사실이 밝혀졌다.

그런가 하면 신경학자 리처드 레스탁(Richard Restak)도 유아를 가슴에 품어주는 행위야말로 유아의 정서와 사회성 발달에 도움을 준다고 밝혔다.

그런데 이러한 정상적인 발달은 비단 유아기에만 국한되지 않는다. 더 나아가 성장 과정에서 정서적 행동의 바탕이 되는 신경계와 내분비계에 지속적으로 영향을 미친다. 다시 말해서, 유아기에 가슴으로 따스한 온정을 많이 느낄수록, 성인이 되어서도 그만큼 타인에 대한 애정과 친밀감을 많이 느낀다는 것이다. 과연 부드러운 신체 접촉보다 더 친밀감을 느끼게 해주는 것이 있을까?

마이애미 의과 대학의 연구진은 신체접촉 요법이 음식 섭취를 촉진시키는 뇌신경을 자극하고, 그런 만큼 체중과 근육 조직발달에 영향을 미친다고 주장한다. 뿐만 아니라 스트레스 호르몬을 억제하여 면역 기능을 향상시키고, 더불어 다방면의 치료 효과도 얻을 수 있다는 것이다. 예컨대 미숙아는 체중이 더욱 빨리 증가되고, 천식을 앓는 유아는 호흡 기능이 향상되며, 당뇨가 있는 유아를 치료하는 데도 효과가 있을 뿐더러, 잠을 설치던 유아도 마사지 등의 신체접촉을 하게 되면 금세 잠이 든다. 이밖에도 접촉 요법은 습진 치료에도 도움이 되며, 부모와 유아의 상호 작용을 향상시킨다는 연구 결과도 있다.

그렇다면 과연 부모와 유아의 상호 작용을 향상시키며, 피부와 피부를 접촉할 수 있는 방법으로서 아기마사지보다 더 좋은 대안이 있겠는가? 부드럽고 편안한 부모의 손길은 아이가 앞으로 살아갈 세상을 소개시켜줌과 동시에 부모와 아이가 일체감을 형성할 수 있는 환희의 동작이다. 단언컨대, 머지 않아 여러분의 아기가 무럭무럭 자라, 아기마사지를 받던 그때를 떠올리며 행복해 할 날이 올 것이다.

내 딸에게 처음 '마사지'를 해주기 시작한 지 8년이 지난 어느 날, 나는 직접 내 몸의 마사지를 시작했다. 마사지 전문 치료사가 본격적으로 등장하기 시작한 것이 1980년 이후였으니, 내가 마사지에 흠뻑 도취되기까지는 몇 해가 더 걸렸다. 처음에는 별 매력이 없었으나, 마사지는 이제 내 건강을 유지하는 데 필수 요소가 되었다.

비말라는 우리에게 신체 접촉은 절제해야 할 요소가 아니라 인간의 기본적인 욕구라는 사실을 깨우쳐주었다. 그런데도 이처럼 중요한 기본적인 욕구를 억제해야 한다는 생각에 사로잡혀 있다면 얼마나 불행한 일이겠는가?

나는 여러분의 사랑이 담긴 손길로 아이의 온몸을 샅샅이 훑어줄 것을 권하고 싶다. 아기마사지만큼 부모와 아이 사이를 이어줄 행위는 없을 것이기 때문이다. 아이를 돌본다는 과정이야 모두 비슷하지만, 아기마사지는 아이는 물론 부모의 삶도 풍요롭게 가꾸어 준다. 따라서 꾸준히 아기마사지를 실시한다면 장차 여러분의 아이와 깊은 유대감을 형성하게 될 것이다.

-페기 오마라 / 『육아』잡지 발행인 겸 편집장

추천의 글

지난 30여 년 동안, 의사들은 엄마와 아기의 긴밀한 유대감이 유아의 성장 발달에 중대한 영향을 미친다는 것을 재확인했다. 대표적인 예로, 콜로라도 대학교를 비롯한 여러 전문 기관에서 실시한 연구에서 생후 처음 몇 달 동안 신체적 접촉을 하지 못하고, 엄마의 따뜻한 품을 느끼지 못했거나, 그런 접촉을 통한 의사소통을 제대로 못한 유아는, 발달 장애나 지체를 겪을 가능성이 훨씬 더 높다는 결과를 얻었다.

이렇게 신생아의 지각적 · 운동적 · 인지적 과정을 이해할 수 있는 과학적 성과에 따라, 아직 현대 문명의 혜택을 덜 입은 저개발 국가들의 육아 방식에 대해 새로운 방법을 모색하고 평가를 내리게 되었다. 스너글리(Snugli)라는 아기 띠도 아프리카나 라틴 아메리카 여러 국가의 풍습을 본떠 만든 것이다. 이런 아기 띠를 사용함으로써 부모와 아기의 두 몸이 서로 꼭 붙어 편안함과 안정감을 느낄 수 있을 뿐만 아니라, 움직이는 데도 그다지 큰 불편이 없다.

이 책을 통해, 비말라 머클루어는 인도에서 수천 년 동안 전해 내려온 육아법을 소개하고 있다. 여기에 실린 육아 방법으로 아기마사지는 무엇보다도 부모와 아기의 상호 작용을 활발하게 해준다는 데 그 가치가 있다. 그런 만큼 오늘날 현명한 부모들은 라마즈 분만법이나 아기 띠의 유아문화를 수용했던 것처럼 아기마사지도 그들의 삶 속에 실현하기 바란다.

아기마사지가 가진 또 하나의 장점은 아이, 특히 모유를 먹는 아이와 긍정적인 상호 작용을 할 수 있는 기회를 아버지들도 누릴 수 있다는 것이다.

한 사람의 소아과 의사로서 내가 독자 여러분에게 드리고 싶은 충고는 이 책에서 소개한 마사지 방법을 직접 해보라는 것이다. 그래서 여러분과 여러분의 아기가 모두 즐겁고 재미있는 시간을 보낸다면, 그야말로 아이가 건강하게 성장하는 데 튼튼한 토대를 제공하는 셈이다.

-스티븐 버만 의학 박사/ 미국소아학회 회장/
콜로라도 의과 대학교의 소아과장 겸 어린이 병원장

여는 글

내 삶을 뒤바꾼 인도인의 아이 키우는 법

1973년 인도의 작은 고아원에서 봉사 활동과 교육 활동을 시작했을 때, 내 삶의 항로가 바뀌었다.

나는 인도의 전통적 육아법이 아기를 진정시키는 효과는 물론 말 못하는 아이와 사랑이 깃들인 대화를 나눌 수 있는 수단이 됨을 깨달았다. 대부분의 인도 어머니들은 온 식구들을 규칙적으로 마사지해 주고, 그런 전통을 딸에게 대물림한다. 고아원에서도, 나이가 많은 아이가 하루도 거르지 않고 어린아이들을 마사지해 주었다. 미국에서는 전혀 보지 못한 육아 방식이었다.

그런 내가 마사지 덕을 본 것은 인도를 떠나기 일주일 전 말라리아에 걸렸을 때였다. 고열로 헛소리까지 하는 나를 안타까이 지켜보던 이웃 아낙들이 내게 왔다. 그들은 내가 마치 갓난아기라도 되는 양, 노래를 부르며 열이 내릴 때까지 번갈아 가며 노련한 손놀림으로 내 몸을 마사지해 주었다. 나는 지금까지 그 때 나를 감동시킨 그들의 손길과 따뜻한 마음을 잊지 못할 것이다.

봉사활동을 끝내고 고아원에서 눈물의 작별을 나눈 뒤 기차역으로 가던 도중, 마침 지나가는 짐수레 때문에 내가 타고 가던 차가 잠시 멈춰 서야 했다. 그때 내 눈에 들어온 것은 고작 판자 몇 개와 천으로 얼기설기 엮은 판잣집이었다. 그곳에는 한 엄마가 땅바닥에 앉아 아기를 무릎에 눕힌 채 애정이 담긴 손으로 아이를 쓰다듬으면서 노래를 들려주고 있었다. 가슴 찡한 느낌, 그건 사랑이었다. 세상의 그 어떤 물질적 부유함보다 더욱 풍요로운 삶의 현장이라는 생각을 했다. 비록 가진 것은 없으나, 그 엄마가 아이에게 들려주는 사랑과 안정감이라는 선물, 남을 도울 줄 아는 인간이 되도록 만들어줄 아름다운 선물을 한껏 베풀고 있었기 때문이다.

나는 인도에서 알게 된 모든 어린아이들을 떠올렸다. 자신의 처지는 비참할지언정, 마음씨가 따뜻하며, 즐겁게 뛰어 놀던 그 아이들의 해맑은 모습이 눈에 밟혔다. 그 아이들은 서로서로 보살펴 주며, 남에게 미루기보다 스스로 힘든 일을 떠맡곤 했다.

그 아이들이 그토록 사랑스럽고, 그토록 티없이 맑은 모습으로 살아갈 수 있는 것도 어쩌면 수천 년 동안 이어져온 인도의 육아 방식, 그러니까 갓난아기 때 누렸던 사랑의 손길 덕분이 아닐까. 또 이 세상을 적의 것도, 정복자의 것도 아닌 자신들의 집으로 여기며 행복하게 살아가는 것도 마사지 덕분이리라.

세상의 품에 안긴 아이들을 포근한 사랑으로 환영해주고, 아직 채 여물지 않은 가녀린 몸에 너그러운 정신이 깃들이게 한 것도, 소음, 불빛, 날카로움, 아우성으로 가득한 세상의 온갖 자극을 공포가 아닌 호기심으로 바라볼 수 있게 만든 것도 어쩌면 모두 마사지 덕분일 터이다.

훗날 나는 수많은 어머니, 할머니들을 보면서, 면면히 이어 내려온 가슴과 손길의 육아 방식이 아기들의 몸과 마음과 정신에 커다란 영향을 미친다는 사실을 알게 되었다.

그래서 1976년 내 첫아기가 태어난 이후로, 나는 하루도 빠짐없이 마사지를 해주었다. 몇 해 동안 요가를 가르쳐 왔던 터라, 요가의 기법과 자세에 전통적 인도의 마사지 방식과 스웨덴의 현대적 방식을 접목시켜 일일 마사지 동작을 개발하는 데는 큰 어려움이 없었다. 이 세 가지 요소가 접목된 방식은 내 아들의 몸을 들고나면서, 긴장을 풀어주고 새로운 자극을 제공하는 놀라운 효과를 자아냈다. 게다가 생후 1개월이 되면서 생기기 시작한 고통스러운 체내 가스도 방출시키는 것처럼 보였다. 실제로 가벼운 요가 자세를 곁들여 놀이하듯 마사지를 끝내면 아들의 소화 기관의 활동이 원활해졌다.

평온한 마음, 이완된 몸, 활짝 열린 마음으로 마사지를 해주면, 우리 아들도 긴장을 풀고 그 날 하루를 더없이 행복하게 지내는 듯했다. 보름 정도 마사지를 해주지 못한 적이 있었다. 그때, 아들에게 엄청난 변화가 생겼다. 아들은 늘 긴장해 있는 것 같았고, 신경질과 짜증이 많아졌으며, 밤새 심한 배앓이를 하는 통에 우리 부부는 제대로 잠을 이루지 못했다. 그때부터 나는 마사지를 내 삶을 윤택하게 이끌어갈 생활필수품으로 여겼다. 그리하여 마사지는 우리에게 이완과 스트레스 해소의 도구일 뿐만 아니라, 중요한 대화 수단이 되었다.

우리 아들이 생후 7개월이 되었을 때, 내가 발견한 마사지의 효과를 다른 부모들과 함께 누릴 수 있도록 마사지 교육 과정을 개발하기로 작정했다. 그로부터 수천 명의 부모와 유아들이 내 강좌에 참석했고, 개별 지도를 받았다. 그들 덕분에 나는 몇 해 동안 끝없이 연구했고 영감을 얻었다.

강좌를 처음 시작한 이후부터, 부모와 전문가들 사이에서 아기마사지에 대한 관심은 날로 커졌다. 그러므로 나는 마사지 강사의 교육을 시작했고, 교육을 마친 강사들은 다시 신규 강사들을 교육시켰다. 이처럼 전통적인 육아 방식인 아기마사지를 보존하고 널리 보급시키기 위해, 우리는 현재 아기마사지 분야에서 최초이자 최대인 국제 비영리 단체를 결성하였다.

이것이 바로 27개국에 지부를 개설한 국제아기마사지연합이다. 최근 들어 많은 병원에서는 간호사들에게 아기마사지와 미숙아나 병에 걸린 유아들을 안아주는 방법에 대한 교육을 실시하는 한편, 유대감 형성을 촉진하고 아기의 불편함을 덜어주기 위한 부모 교육도 수행하고 있다.

놀라운 사실은, 직관적으로 개발되고 수천 년 동안 인간의 생생한 경험을 통해 다듬어진 이처럼 간단한 전통 방식의 효과가 해가 거듭될수록 현대의 과학적 연구에 의해 검증되고 있다는 것이다(이 점에 대해서, 물을 주면 풀이 자란다는 지극히 당연한 사실조차도 이중맹검 실험(의사, 환자 모두에게 어떤 약을 쓰는지 알리지 않고 그 약의 효과를 검증하는 방법 : 옮긴이)을 통해 증명하려는 서양인들의 비아냥을 받았고, 그럴 때마다 웃음으로 넘겨야 했다.

이제 어엿한 성인이 된 우리 아이들은, 유아기에 받았던 마사지의 혜택을 지금도 여전히 누리고 있다. 일일 아기마사지는 아이들의 신체적 · 정신적 · 정서적 건강을 지켜주고 부모 자식의 유대감을 평생토록 유지할 수 있는 밑거름이 되어준 것이다.

내가 아기마사지 강좌를 처음 시작했을 때, 이 책을 통해 아기마사지를 배운 한 어머니에게 받은 편지를 여기에 소개하고 싶다. 이것은 의학적인 면에서 도움을 주려는 것이 아니기 때문에, 여러분의 아기가 질병을 앓고 있다면, 전문 의료진에게 검진을 받은 다음 적절한 마사지를 선택해야 할 것이다. 여기서 내가 이 편지를 소개하는 것은 다만 아주 이처럼 간단한 마사지가 한 가정의 평화에 얼마나 중대한 영향을 미치는지 여러분과 함께 공유하고 싶기 때문이다. 더없이 소중한 편지를 보내준 이 어머니께 진심으로 감사드린다.

안녕하세요, 비밀라 선생님!

저는 선생님께서 우리 아이들에게 말로는 표현할 수 없을 만큼 큰 도움을 주신 데 대해 감사드리기 위해 이 글을 씁니다.

제 아들은 독혈증과 조산을 예방하려고 약을 먹은 어미 때문에 약물에 중독된 채 태어났습니다. 게다가 저는 당시 정맥 주사도 몇 차례나 맞았지요. 임신 기간 동안, 담당 의사는 아기를 낳으려는 저와 제 남편을 여러 번 질책했습니다. 저희 부부는 우리 아기가 장애아나, 식물 인간으로 태어날 것이라고 생각하면서도, 38주일의 임신 기간 동안 아기를 지키기 위해 온갖 노력을 기울였어요. 그 결과, 3.7킬로그램의 건강한 아들을 낳았습니다. 그러나 아들은 이내 약물과 스트레스 때문에 아들의 신경계에 큰 이상이 생겼다는 사실이 밝혀졌지요.

제 아들은 어떤 때는 끊임없이 울었고, 어느 날은 우유도 전혀 먹지 않은 채 잠만 잤어요. 그러다가 아이가 경기라도 할라치면, 저희는 온몸이 후들후들 떨리고 눈앞이 캄캄해졌습니다. 의사는 약을 더 많이 투여해서 아기를 진정시키는 게 좋겠다고 하더군요. 그들은 아들의 신경계(아마도 뇌신경)가 너무 심하게 손상되어 치료가 불가능하다고 단정지었습니다. 그때 모유 전문가인 이웃이 우리를 구해주었습니다. 그녀는 우리에게 아들을 진정시킬 수 있는 선생님의 아기마사지를 소개해주고, 아들의 연약한 신경계가 흔들리지 않도록 꽉 안아주는 법을 가르쳐주었답니다.

시간이 흘러 아들은 걸음마를 하는 호기심 많고 아주 쾌활한 아이로 자랐습니다. 그토록 심하게 떨던 증세도 줄어들었고, 꾀도 많고 기운도 넘쳐 저희 부부는 늘 녹초가 되곤 했습니다. 틀림없이 '장애가'가 되리라는우려와는 달리 이제는 어엿한 대학생으로 우등생이자, 인정받는 지도자, 훌륭한 자원 봉사자로서, 자신만큼이나 똑똑하고 활동적인 여자 친구와 약혼을 했습니다. 또한 모범 청소년으로 선정되어

37만 5천 달러의 장학금을 받기도 했지요. 제 아들은 지금 중증 장애자를 위해 봉사 활동을 열심히 하고 있으며 장차 의사가 될 꿈을 가꾸고 있답니다.

제 둘째 아들도 예외가 아니었습니다. 제 자신은 약물 치료와 식이요법 덕분에 제 건강이 훨씬 좋아진 데다, 독혈증도 점차 좋아졌습니다. 그러나 불행히도 아이는 신경조직이라는 심각한 상태로 태어났습니다. 생후 5개월 무렵, 아이는 자폐증이라는 진단을 받았지요. 실제로 툭 하면 짜증을 내는 터에 저희는 무척 애를 태웠답니다.

저는 예의 경험을 되살려 다시 한번 아기마사지를 시작했습니다. 그랬더니 둘째 아들의 그 작은 팔다리에 긴장이 풀리고, 주변 세상에 눈을 돌리기 시작하더군요. 제 아이를 편안하게 안아주고, 마사지를 해줄 수 있는 보모에게 잠깐 맡긴 것을 제외하면, 저는 늘 아이 곁에 있었지요. 물론 몇 가지 고통은 여전히 겪고 있지만, 이제는 명랑한 16살 십대가 되어 벌써 장난감 업체와 소프트웨어 개발 회사에서 컴퓨터 디자인을 하고 있습니다.

선생님의 마사지를 배운 제 이웃의 도움이 없었던들, 제 두 아들이 이렇게 어엿한 모습으로 성장하지 못했을 겁니다. 저는 제 두 아들의 지적, 신체적, 정서적 발달은 유아기에 받았던 마사지 덕분이라고 확신합니다. 선생님께 어떻게 감사드려야 할까요?

이 두 아들의 어미는 평생토록 선생님의 은혜를 누리며 살고 있다는 것을 알려드리고 싶습니다.

-은혜 입은 어느 엄마가

아기마사지는 이처럼 사려 깊은 엄마들에게 더욱 훌륭한 육아 방법이 될 수 있으며, 직접적인 생리적 효과 이상의 것들을 얻을 수 있다. 여러분의 아기를 규칙적으로 마사지를 해주면 평생토록 지속되는 유대감이 생겨날 것이다.

내가 진정 바라는 것은 아버지들도 육아에 적극적으로 동참하는 것이기 때문에, 특별히 아버지들을 위한 육아 교실을 따로 마련하였다. 이 책을 끝까지 읽고 자신의 아기를 마사지해 주기로 결심한 아버지라면, 양육은 부모가 해야 할 중대한 문제라는 사실을 기억하며 읽어 주길 바란다.

1 아기마사지는 왜 필요한가

무기질, 비타민, 단백질 못지 않게

꼭 필요한 그런 영양분

포근하게 안아주고

따뜻한 손길로 마사지해 주는

것이야말로 유아의 영양분이다

프레데릭 르보이어 박사

오래된 전통

따스한 햇살이 문틈으로 새어드는 오후, 한 젊은 엄마가 두 발을 한데 모은 채 무릎을 양쪽으로 벌리고, 살포시 자신의 아기를 그 안에 누인다. 그런 다음 아기의 작은 모자를 벗기고 다시 보드랍고 하얀 배내옷을 조심스레 벗기기 시작한다.

엄마의 다리로 만든 아늑한 요람 속의 아기는, 귀에 익은 마사지 오일 따르는 소리와 엄마가 불러주는 감미로운 자장가를 들으며 그 앙증맞은 팔다리를 자유롭게 움직인다. 바로 그 날 두 번째 마사지가 시작된 것이다. 이 장면은 19세기 초, 폴란드의 작은 유대인 마을에서 일어나는 정경을 묘사한 것이지만, 어느 시대, 어느 나라에서나 흔히 볼 수 있을 정도로 낯익은 어머니들의 일과이기도 하다.

그러니까 캐나다 북극 지방의 에스키모, 동아프리카의 간다, 남인도, 북아일랜드, 러시아, 중국, 스웨덴, 남아프리카, 남태평양 군도의 오두막과 미국의 현대 가정에서도, 어머니들은 사랑이 깃들인 손길로 아기들을 마사지해 주고 안아주며, 조용조용 노래를 불러준다. 이 세상 모든 어머니들은 아기들을 안아주고 기분 좋게 흔들어주며, 쓰다듬어 주어야 한다는 것을 잘 알고 있는데, 이처럼 부드럽게 아기를 어루만져주는 아기마사지는 대대손손 물려받은 전통적인 육아 방법 중 하나이다. 그런데 왜 나라마다 그 방법이 서로 다른지 묻는다면 '그야 저마다의 풍습' 때문이라고 대답할 수밖에 없다.

20세기 초반에는 가정생활의 초점을 온통 '진보' 에만 맞추었으나,

건전한 육아야말로 사회 발전에 이바지한다는 가정의 중요성이 과학적으로 재조명됨에 따라, 현대인은 슬기로운 조상들의 삶을 되살리고 있다. 비교문화 연구결과에 따르면, 아기를 안아주고 업어주고 마사지해 주고 기분 좋게 흔들어주며, 모유로 키우는 사회의 성인들은 공격성과 폭력성이 적은 반면, 협동심과 동정심은 훨씬 많다고 한다. 만약 우리가 '새롭게 시도하는 육아 방법을 지켜보았다면, 조상님네들은 무덤에서 벌떡 일어나"그것 봐라. 내가 뭐라더냐?" 하시며 일침을 놓으실 만도 하다.

사랑이 아이를 그르친다?

다양한 연구 결과를 살펴보면, 전통적인 육아 방법의 중요성을 실감하게 된다. 그리고 중요성을 실감하는 순간부터 훨씬 풍요로운 삶을 누리게 해줄 조상들의 슬기를 외면하지 못할 것이다.

첫아이를 낳은 엄마들은 거의 대부분 처음 몇 달 동안 "아이 버릇 잘못 들이면 안 된다!"는 훈계를 듣는데, 혹시나 버릇없는 아이로 키울까 조바심을 내는 이유는 행동주의 심리학자들의 조건 반사설의 영향 탓이다. 그들은 갓난아기가 울어도 모른 척 외면하면 작은 성인처럼 의젓하게 행동하도록 조건화할 수 있다고 주장했다.

특히 최근 들어 이러한 육아 방식이 새롭게 부각되고 있다(유행이 극단과 극단을 왕복하는 시계추처럼 변하듯이, 육아에 관한 견해차도 매우 크다). 예컨대 1990년대 말, 어느 유명한 육아 프로그램에서 부모들에게 다음과 같이 조언했다. 엄격한 계획을 세워, 아기가 혼자 울어도 내버려두고, 부모를 성가시게 할 때는 따끔하게 벌을 주라는 것이었다.

또한 아이가 원할 때마다 젖을 주면 아기의 신진 대사를 해치며(이것은 연구 결과와는 다르다), 아기의 욕구를 모두 들어주고 울 때마다 달래 주면 버릇없고, 이기적인 아이로 자란다는 것을 부모들에게 확신시키려고 애썼다. 뿐만 아니라 부모들에게 절대 갓난아기를 한 침대에서 재우지 말라고 권고하면서, 자칫 아기를 깔아뭉갤 수도 있기 때문이라고 덧붙였다(이 역시 연구 결과와는 상반되는 주장이다). 이것이 바로 70년대에 큰 관심을 끌었던 자연적 육아 방법의 반동으로, 1990년대에 들어서면서 건전하고 규범적이라고 평가받은 육아법이었다.

그러나 제대로 사랑을 받지 못하고 벌을 받으며 자란 아기들이 어머니의 정을 느끼지 못하며, 조기 개입으로 문제 행동을 치유해 주지 않으면 반사회적 행동 장애자까지는 아니더라도 문제아로 성장할 가능성이 높다는 연구 결과가 많다.

그런 반면 자신의 아기와 깊은 유대감을 형성하고, 존중해 주며, 비언어적 의사 표현을 이해하고, 사랑으로 대하는 방법에 대해 부모들과 함께 연구를 해 온 지난 20여 년 동안, 필자는 수많은 부모들로부터 다음과 같은 내용의 편지들을 받았다. 즉 아기마사지 덕분에 가정이 화목해졌을 뿐 아니라, 자신들의 가정생활의 변모를 가져왔으며 자녀들이 발랄하고 창의적이면서도 호기심이 많고 안정적인데다, 지능과 사회성이 뛰어나 남을 배려할 줄 아는 사람으로 성장했다는 것이다.

그런데도 권위주의적 육아 방식을 옹호하는 사람들은 수천 년 동안

이 세상의 많은 부모들이 아기들에게 아낌없는 사랑을 베풀면서, 원할 때마다 젖을 주고, 아이를 꼭 안고 같이 잠을 잤으며, 갖가지 띠나 포대기를 이용하여 아이를 안고 업어 키워왔다는 사실을 인정하지 않는다. 물론 테러리스트나 연쇄 살인범, 잔혹한 독재자들 중에는 충분한 사랑을 베풀 줄 모르는 권위주의적인 부모 밑에서 자란 사람이 많다는 사실에도 관심을 두지 않는다.

한편 이 책에서 소개하는 아기마사지는 최근에 나온 육아법이 아니다. 오히려 부모와 자식 간의 긴밀한 유대감을 형성시켜주는 아주 오래된 양육 방법으로서, 아기가 보내는 특별한 비언어적 의사 표현을 이해할 수 있는 실마리를 발견하고, 부모가 아이의 욕구를 좀 더 사려 깊게 이해하도록 도와준다.

실제로 부모는 아기마사지를 통해 유능한 부모로서의 자격을 갖추게 되는데, 그 까닭은 자신의 아기에 대해 전문가가 됨으로써 아기의 독특한 욕구를 쉽게 간파할 수 있기 때문이다.

그런데 자신의 욕구가 곧바로 해결되고, 아낌없는 사랑을 받으며 행복하게 자란 아기는 자기중심적이고 요구가 많은 아이가 된다는 생각과는 달리(이것은 성격은 유아들이 공통적으로 거치는 발달 단계상의 특징이기도 하다), 그 사랑이 차고 넘쳐 자신도 모르는 사이 다른 사람들에게 그 사랑을 베푸는 사람이 된다. 왜냐하면 온화한 부모의 손길을 느끼면서 건전하고 다정하게 다른 사람과 접촉하는 법을 배우는 동시에 부모를 지켜보고 흉내내며 극기심을 익히기 때문이다.

또한 이렇게 자란 아이가 반항심이 적은 까닭은, 권위적인 태도나 일관성 없는 원칙과 벌을 일삼는 부모에게 품게 되는 그런 증오심이 전혀 없기 때문이다. 요컨대 유아기에 형성된 부모와의 정서적 유대감은 아이가 신뢰감, 용기, 상호 의존성, 신념, 사랑으로 세상을 살아가게 하는 밑거름이 된다.

아기마사지는 특정한 육아 방법을 옹호하는 사람들의 전유물이 아니다. 즉 아기를 데리고 자든 따로 재우든, 모유를 먹이든 우유를 먹이든, 이유(離乳)를 빨리 하든 늦게 하든, 그것은 부모 개인이 선택할 문제지만, 아기마사지는 누구나 쉽게 시작할 수 있다. 아기마사지를 통해 엄마와 아기는 서로의 사랑을 확인하고, 두 사람 모두 긴장을 풀 수 있을 뿐만 아니라, 아기의 욕구를 훨씬 더 잘 이해할 수 있게 된다. 이때 즐거운 마음은 마사지의 효과를 배가시킨다.

지난 50여 년 동안 심도 깊은 연구를 수행한 결과, 무관심은 부모의 사랑보다 더 버릇 없는 아이로 만들 수 있다는 사실을 확인하는 큰 수확을 거두었다. 세 살바기 케슬리의 엄마 주디스는 이렇게 말했다.

"케슬리를 낳기 전부터 버릇없는 아이로 키우면 어쩌나 싶어 몹시 고민했어요. 그렇지만 솔직히 제 속마음은 아낌없는 사랑을 주고 싶었거든요. 그러다가 아기마사지의 장점을 알고 나서 내가 원하던 자상한 엄마의 길을 선택했고, 내가 흔들릴 때마다 아기마사지에 대한 연구 결과는 큰 힘이 되었지요."

이렇듯 아기마사지의 중요성을 깨닫게 되면, 자신의 직감에 따라 아주 편안하게 아기를 키울 수 있기 때문에, 본능적인 모성애를 유감없이 발휘할 수 있다.

부모와 아이가 누리게 될 아기마사지의 장점은 처음 생각한 것보다 그 효과가 훨씬 더 크다. 유아는 마사지를 받으면서 굉장히 즐거워할 뿐만 아니라, 감각 훈련이나 물리 요법의 효과까지 얻을 수 있기 때문이다. 즉 아기의 건강과 행복을 지켜줄 수 있는 여러 가지 기능을 동시에 하면서도 부모에게는 요란하게 울어대는 갓난아기를 달래고 사랑을 전해줄 수 있다는 자신감을 심어 준다.

피부 자극은 왜 좋은가?

피부 감각은 가장 먼저 발달하는 신체 기능 중 하나이다. 따라서 피부에 대한 자극은 동물과 인간의 정상적인 신체 조직과 정신의 발달에 아주 중요한 역할을 한다.

인류학자 애실리 몬테규(Ashley Montagu)는 아기마사지에 대해 어떻게 생각하느냐는 질문에 대해 이렇게 대답했다.

"갓난아기가 피부를 통해 맨 처음 외부의 자극을 수용하고, 의사소통을 시작한다는 사실을 아는 사람은 많지 않습니다. 이것을 깨닫게 되면, 사람들은 너나없이 아기가 필요로 하는 피부 자극을 최대한 제공하려고 할 테지요."

독자들은 아기에 대해 말하다가 왜 느닷없이 동물 이야기를 꺼내는지 의아해 할 테지만, 연구 결과 갓난아기의 행동과 반응은 동물의 그것과 놀랍도록 흡사한 면이 많다.

행동적인 측면에서 볼 때, 포유 동물은 새끼를 '숨겨두는' 은닉형과, '데리고 다니는' 동반형으로 나뉜다. 은닉형 포유 동물은 어미가 먹이를 구하는 동안 새끼는 오랜 시간을 혼자 지내야 한다. 이때 어린 새끼들은 포식 동물의 눈에 띄어 잡혀 먹히지 않으려면 절대 소리를 내서는 안 된다. 따라서 이 새끼들은 본능적으로 울지 않는다. 마찬가지 이유로 어미가 재촉하지 않으면 배설조차 하지 않으며, 체온을 조절할 수 있는 기능까지 타고 난다. 한편 이들 어미의 젖은 단백질과 지방이 풍부하고, 새끼들은 그 젖을 굉장히 빠른 속도로 빨아먹는다.

이와는 달리, 동반형 포유 동물은 새끼들과 계속 접촉을 하며 시시때때로 젖을 물린다. 따라서 이 새끼들은 젖을 느긋하게 빨아먹고, 배설도 자주 하며, 몸이 불편하다거나 어미가 보이지 않을 때, 또는 따뜻한 포옹이 필요할 때마다 운다. 또한 이 포유 동물의 젖은 단백질과 지방 함유량이 적어서, 수시로 젖을 먹어야 한다.

말하자면 인간은 바로 이 동반형 포유 동물에 가깝다. 실제로 인간의 모유와 유인원의 젖은 단백질과 지방 함유량이 거의 비슷하다. 그러므로 갓난아기는 최대한 많은 신체 접촉을 필요로 하는 것이다.

갓난아기에게 음식보다 훨씬 더 중요한 것이 포근한 신체적 접촉이라는 사실을 맨 처음 알려준 것이 바로 유명한 해리 하로(Harry Harlow)의 원숭이 실험이다. 새끼 원숭이에게 먹을 것을 들고 있는 철사로 만든 어미 모형과 먹을 것을 갖고 있지 않은 보드라운 천으로 만든 어미 모형을 동시에 보여주었더니, 결국 그 새끼 원숭이는 보드라운 천으로 만든 어미 모형에게 갔다는 것이다.

그런데 발달 장애 증상을 보이는 인간의 아기도 이 새끼 원숭이와 비슷한 결과가 나타났다. 다시 말하면 아무리 젖을 충분히 먹여도, 정신적 양분과 포근한 신체 접촉, 그리고 따뜻한 보살핌이 부족할 때 아기는 계속 쇠약해진다는 것이다.

신체적인 측면에서 보면, 아기마사지는 동물들이 혀로 새끼를 핥아주는 것과 아주 흡사한 인간의 행동이다. 동물들은 혀로 새끼를 핥아주면서 피부 접촉을 한다. 그래서인지 어렸을 때 어미가 핥아주지 않거나, 매달리지도 못하게 하고 따뜻하게 감싸주지 않은 새끼는 비쩍 마르고 신경질적인 동물로 자라는 경우가 많다. 흔히 동물들은 서로 사투를 벌이거나, 상대방을 학대하고 자신의 새끼를 외면하는데, 이 때 몸을 핥아주면 생리적 조직을 자극하여 어미와 새끼가 서로 교감한다. 예컨대 어미 고양이는 평생의 절반을 새끼를 핥아주면서 지낸다. 때문에 새끼 고양이들은 좀처럼 배앓이를 하지 않는데, 실제로 고양이의 위 조직이 원활하게 활동하도록 자극을 주지 않으면, 갓 태어난 고양이는 죽고 만다.

갑상선과 부갑상선(면역 체계를 조절하는 내분비선)을 제거한 쥐 실험에서도 마사지에 대한 효과는 두드러지게 나타났다. 실험 집단의 쥐들은 하루에 서너 번씩 말을 하며 부드럽게 마사지를 해주었다. 그 결과 이 쥐들은 차분하고 순해서 별로 싸우는 일이 없었으며, 신경계도 안정되었다. 이와는 달리 마사지를 받지 않은 통제 집단의 쥐들은 불안해하고, 겁이 많았으며, 신경이 날카로워져 곧잘 화를 내더니, 결국 48시간 이내에 죽고 말았다. 또 다른 쥐 실험에서도 새끼 때 부드럽게 쓰다듬어준 쥐들은 면역성이 매우 높고, 체중도 금방 불었으며, 신경계가 훨씬 더 발달했다.

쥐보다 고등한 동물인 개, 말, 소, 돌고래에서도 역시 사랑을 받고 자란 동물들은 여러 면에서 성장이 빨랐다. 부드럽게 어루만지고 쓰다듬는 행동은 실제로 생명을 유지하는 데 필요한 모든 조직(호흡기관, 순환기관, 소화기관, 배설기관, 신경계, 내분비선)의 기능을 향상시켰고, 행동 양식을 현저하게 변화시켰다. 다시 말해 공포심과 흥분 역치는 감소한 반면, 부드러움, 상냥함, 온화함에 대한 자극 역치는 증가했다. 한편 애실리 몬태규도 그의 저서 『접촉하기(Touching)』에서 이렇게 썼다.

"피부 접촉의 효과에 대해 더 많이 알수록, 건강하게 자라나는 데 가장 중요한 것이 바로 피부 접촉이라는 사실을 절실히 느끼게 된다."

조류와 포유류에 대한 다양한 연구에서도, 새끼가 건강하게 자라고 어미가 양육할 능력을 갖추기 위해서는 신체 접촉이 절대적으로 필요하다는 사실을 알 수 있다. 앞서 설명한 쥐 실험에서, 임신 기간 동안 자신의 몸을 핥지(자기 마사지의 형태) 않는 암컷은 새끼를 낳은 후에도 어미 노릇을 제대로 하지 않았다. 그에 반해 새끼를 밴 암컷을 날마다 부드럽게 쓰다듬어주면, 그 어미의 새끼들은 체중이 크게 늘어나고 훨씬 더 차분해졌는데, 어미들은 그런 자신의 새끼들에게 질 좋은 젖을 양껏 먹이면서 많은 사랑을 쏟았다.

이와 같은 실험 결과가 인간에게도 똑같이 나타난다는 증거가 있다. 이 책을 통해 제시한 마사지 요법을 이용한 미숙아 연구에서 일일 마사지의 엄청난 효과가 입증되었다.

〈접촉 연구소(Touch Research Institute)〉를 창설한 티파니 필드(Tiffany Field) 박사를 비롯한 마이애미 의과 대학의 연구진은 미숙아 연구에서 놀라운 사실을 알아냈다. 즉 20명의 미숙아에게 하루 3회, 30분씩 미숙아들에게 마사지를 해준 결과, 미숙아들의 체중이 하루 평균 47퍼센트 증가했고, 훨씬 더 활발하고 민첩해졌으며, 마사지를 받지 않은 유아들에 비해 신경계 발달 속도가 무척 빨랐다. 아울러 입원 시간도 평균 6시간이 단축되었다.

달라스 출신의 심리학자 루스 라이스(Ruth Rice)는 병원에서 퇴원한 미숙아 30명을 대상으로 연구를 수행했다. 그녀는 이 미숙아들을 두 집단으로 나눈 뒤, 통제 집단의 어머니들에게는 일반적인 방식으로 신생아를 돌보도록 지시했고, 실험 집단의 어머니들에게는 날마다 규칙적으로 마사지를 해주고 기분 좋게 흔들어주도록 지시했다. 생후 4개월이 되자, 마사지를 꾸준히 받은 아기들은 신경계 발달이나 체중면에서 모두 통제 집단의 아기들보다 앞섰다.

사실 자연스럽게 지각을 자극하는 마사지는 뇌와 신경계의 미엘린 수초의 형성을 촉진한다. 미엘린 수초란 전선(電線)을 둘러싼 절연체처럼 신경을 에워싼 지방질인데, 신경계를 보호하고 뇌에서 수용한 자극을 몸 전체로 전달하는 기능을 촉진하는 역할을 한다. 결국 신경계의 보호막은 태어날 때 완벽하게 형성되지 않지만, 피부를 자극함으로써 신경 세포의 기능을 향상시켜 뇌와 신체의 의사 소통을 원활하게 해줄 수 있는 것이다.

1978년 경피 산소 측정기가 개발되자, 의사들은 피부에 전극을 연결시켜 신체의 산소 팽창도를 측정할 수 있게 되었다. 바로 이 경피 산소 측정기를 이용한 결과, 병원에 입원한 유아들이 스트레스를 받으면 산소 수치가 급격하게 변한다는 사실을 알게 되었다. 그런데 마사지를 통한 가벼운 접촉은 이러한 급격한 변화까지 완화시켜 준다는 사실이 확인되어, 현재 많은 병원에서 기저귀를 갈 때, 발꿈치에 주사를 꽂을 때, 기타 여러 가지 스트레스를 받을 때 유아들을 안정시키는 방법으로 활용되고 있다.

그런 가운데 최근의 연구 결과는 전통적인 육아 방법의 진가, 즉 아기들은 따뜻한 손길을 필요로 한다는 사실을 재확인시켜준다. 마이애미 의과 대학원의 교수이며, 피부병 전문의인 로렌스 채크너(Lawrence Schachner) 박사는 습진과 같은 피부 질환에 걸린 아기들을 부드럽게 만져주면 효과가 있다고 밝히면서 이렇게 덧붙인다. "엄마와 아기의 상호 작용이 훨씬 더 향상될 수 있다." 이와 같은 맥락에서 티파니 필드 박사 역시 다음과 같이 주장한다.

"연구 결과를 보면 유아나 어린이들에게는 음식과 수면 못지 않게 부드러운 손길이 필요하다는 것을 알 수 있다."

그녀는 이처럼 부드러운 손길로 쓰다듬어주는 것이 유아의 성장과 발달을 촉진시키는 생리적 변화를 초래한다고 지적한다. 다시 말해 뇌신경을 자극함으로써 음식 섭취를 돕고 스트레스를 유발하는 호르몬을 억제하기 때문에 면역 체계의 기능을 향상시킨다는 것이다. 〈가정과 일 연구소(Families and Work Institute)〉에서 발표한 보고에 따르면, 인간은 생후 3년 동안 뇌세포의 연결망이 거의 대부분 형성되며, 따라서 마사지를 통한 부모와 자식 간의 교감은 아이의 정서 발달과 스트레스 극복 능력에 직접적인 영향을 미칠 수 있다고 한다.

한편 사랑이 깃들인 피부 접촉과 마사지는 엄마는 물론, 아버지에게도 큰 도움이 된다. 임신에서 출산에 이르기까지 내내 진정한 피부 접촉을 시도한 엄마는 대체로 순산 확률이 높고 아기의 욕구를 쉽게 파악한다. 반면 임신 기간 동안 만성적인 스트레스에 시달린 엄마는 평화롭고 안정적인 생활을 한 엄마보다 훨씬 더 자주, 오래 우는 아기를 낳을 확률이 높다는 연구 결과가 이러한 사실을 뒷받침해 준다.

그런 만큼 임신한 아내를 부드럽게 마사지해 주면서, 뱃속의 태아와 이야기를 나누고, 태동을 느끼는 한편, 아내와 함께 태교 강의를 듣거나 신생아의 발달과 심리에 대한 책을 읽으면서 자신의 아기에 대해 각별한 애정을 쏟는 남자는 자상하고 훌륭한 아버지가 될 수 있는 가능성이 훨씬 높다.

또한 임신 기간 동안 자신의 배를 부드럽게 쓰다듬으며 규칙적으로 마사지를 해주면, 엄마의 육아 능력이 향상되고, 아기의 건강과 성격 발달을 촉진하며, 화목한 가정을 이룰 수 있는 밑거름이 된다.

아기도 스트레스를 받는다

과거에는 갓난아기가 열이 심하게 날 때 그 결과가 어찌될지 아무도 몰랐다. 아이들은 각 시대마다 온갖 전염병에 시달렸기 때문이다. 그러나 생활 환경이 개선되고 의료 기술이 발달하면서 많은 전염병을 퇴치한 오늘날, 그런 전염병보다 훨씬 더 치료하기 어렵고 증상이 심한 병이 생겼다. 바로 유아 스트레스다.

스트레스는 심지어 아기의 출생 전부터 영향을 주기 시작한다. 여성의 혈액에 상존하는 스트레스 호르몬이 태반을 지나 태아의 혈관까지 침투하여 아직 태어나지도 않은 아기에게 직접적으로 영향을 주는 것이다. 실제로 여러 가지 연구 결과에 의하면, 만성적인 스트레스와 불안에 시달리는 임신부는 영양을 제대로 섭취하지 못한다고 한다. 때문에 이런 임신부는 무척 과민하고 신경질이 많은 저체중아를 낳기도 한다.

만약 개인의 경험과 대인 관계에 따라 생명의 활력소나 공포를 유발하는 물질이 온몸으로 전해져 생리적 현상에 영향을 미친다는 것을 이해한다면, 이러한 체내 물질이 태아의 몸까지 전달된다는 사실도 쉽게 깨닫게 된다. 그러니까 태아는 자신의 세포가 받아들인 '정보'에 따라 신체 구조에 대한 계획을 세우는데, 결국 태어나기도 전부터, 무의식적으로 이 세상을 경험하게 되는 셈이다.

요컨대 싸워 이기지 않으면 꼼짝없이 당해야 하는 불안하고 스트레스가 많은 세상인지, 한없이 즐기고 만끽해도 좋은 안전하고 사랑이 넘치는 세상인지를 감지하는 것이다. 그러나 이것은 삶의 조건이 완벽하지 않으면 모든 것을 잃게 된다는 뜻이 아니다. 그보다 아기마사지를 통해 유아가 감지한 세상을 재해석함으로써, 고통과 슬픔, 공포를 잊고 사랑과 기쁨이 넘치는 세상을 열어가도록 도와줄 수 있다는 것이다.

사실 우리는 점차 의식의 지평을 넓혀갈수록, 부모 자신의 건강과 장수는 물론 아이들의 건강, 장수, 지능, 사랑과 기쁨을 향유할 수 있는 삶의 자세에 미치는 어른들의 정서가 얼마나 중요한지 깊이 깨닫게 된다.

수백 년 전 지금보다 훨씬 원시적인 환경에서 태어난 아이들은 대가족 속에서 여러 사람의 사랑과 보호를 받으며, 자연 환경을 맘껏 누리고, 비교적 느리게 변화하는 세상에서 평화롭게 성장했다. 그러나 급변하는 첨단 과학 기술 시대에 태어난 현대의 아이들이 건강하게 잘 자라려면 무엇보다 스트레스를 효과적으로 극복해야만 한다. 따라서 현대의 부모는 긍정적인 삶의 자세를 익히고 스트레스에 잘 대처하며, 스스로 사회에 적응할 수 있는 능력을 함양할 수 있도록 최대한 많은 기회를 제공해 주어야 한다.

분명한 것은 스트레스의 완전 제거란 불가능하며, 그런 일이 일어나기를 바랄 수도 없다는 사실이다. 약간의 스트레스는 아이들의 뇌 발달에 긍정적으로 작용하기 때문이다. 그렇다면 스트레스는 과연 어떤 긍정적인 작용을 할까?

스트레스를 받으면, 뇌하수체에서 ACTH(부신 피질 자극 호르몬)라는 호르몬을 분비하는데, 이 호르몬은 아주 낯설고 돌발적인 응급 사태에 대응할 수 있도록 신체와 뇌를 조직하는 부신 피질 스테로이드를 활성화한다. 동물 실험 결과, 이 호르몬은 간과 뇌에서 새로운 단백질의 형성을 촉진하는 것으로 밝혀졌는데, 이 단백질은 학습과 기억력 향상에 도움이 된다. 이렇게 단백질이 형성된 실험 동물에게 ACTH 호르몬을 투여하자, 그 동물의 뇌에는 사고력을 발달시키는 세포 사이에 수백만 개의 새로운 연결 고리가 생겼다. 이 연결 고리가 많을수록 정보를 처리하는 뇌의 능력이 증가한다.

따라서 유아가 낯선 상황에 직면했을 때 그 상황에 적응하고 대처하는 과정에서 유발되는 스트레스는 유아의 뇌 발달에 절대적으로 필요하다. 이러한 스트레스는 학습 능력을 향상시키기 때문이다. 그러나 이런 스트레스 못지 않게 중요한 반대 기능, 즉 긴장 완화가 없다면 아무리 긍정적인 스트레스라고 할지라도 과잉 자극을 받아 극도로 피곤해지고 정신적 충격을 겪는다.

실제로 긴장을 이완시키지 않은 상태에서 계속 스트레스가 쌓이면, 신체는 모든 지각 기관을 폐쇄시키고, 결국 학습 과정은 완전히 중단된다. 이것은 신경학자 브루스 립톤(Bruce Lipton)의 이론으로, 보호와 성장 촉진이라는 신체의 두 가지 기능 중에서, 생물학적 보호 기능이 작동함으로써 성장이나 학습을 방해하기 때문이다.

그렇다면 아기마사지는 이러한 신체 기능을 어떻게 활성화하는가? 먼저 마사지는 아이들에게 편안하고 즐거운 경험을 제공할 수 있는 한 가지 방법이다. 예컨대 라마즈 분만법과 비슷한 조건 반응 기법을 활용하여 스트레스 받은 신체를 이완시키는 방법을 아기들에게 가르칠 수 있다. 이렇게 의식적으로 신체를 이완할 수 있는 능력은 수많은 스트레스에 대처해야 하는 현대 사회에서는 커다란 장점이다. 특히 유아기에 습득한 이완 능력은 질병에 대항하는 항체처럼 아이들의 타고난 신체 조직의 일부가 될 가능성이 아주 높다.

스트레스는 유아가 성장하면서 겪게 되는 자연스런 현상이지만, 대개 유아는 그 스트레스의 장점을 활용할 능력이 없다. 또한 하루가 다르게 변하는 현대 사회에서는 유아에게 입력되는 정보는 엄청나게 많은데, 스트레스가 쌓여 울음을 터뜨리는 아이들은 이 정보를 제대로 처리하지 못한다. 이처럼 능력 부족과 과도한 정보 입력이라는 이중 구속을 받는 아이들은 결국 극도의 긴장과 불안으로 좌절감을 겪을 수밖에 없다.

이런 현실에서 마사지는 유아들에게 입력된 정보를 처리할 능력을 익혀 자연스럽게 반응할 수 있도록 도와준다. 노련한 엄마가 자신의 아기를 마사지하는 모습만 지켜봐도, 엄마의 규칙적인 손동작과 아이의 반응에는 각각 스트레스와 이완이 따른다는 것을 알게 될 것이다. 실제로 유아는 바로 여기에서 온갖 새로운 감각, 감정, 향기, 소리, 모양을 경험하게 된다.

즉 자신의 배에서 나는 소리, 여러 번 문지른 부위에서 느껴지는 따뜻한 감각, 자신의 알몸에 와 닿는 공기의 움직임 등등 이 모든 것이 아이에게는 가벼운 스트레스 요소로 작용하고, 부드러운 엄마의 목소리, 따뜻한 미소와 촉감은 새로운 경험에 대한 아이의 불안감을 해소시켜주는 이완 요소가 된다.

프레드릭 르보이어 박사는, 엄마의 따뜻한 마사지를 통해 아이에게 자궁 밖의 세상도 '여전히 활기차고, 따뜻하며, 심장이 뛰고 있으며, 친절한' 곳임을 확신시켜 주는 셈이다.

그 결과 날마다 마사지를 받은 유아는 자극 역치가 커진다. 그래서 자극에 대처할 능력이 부족한 아기는 점차 인내심을 익히고, 자극에 대한 욕구가 큰 아기는 스트레스를 유발하는 경험들을 통제할 능력을 터득함으로써, 하루에 겪게 되는 스트레스의 수치를 저하시킨다.

예컨대 배앓이를 하는 아기는 긴장 때문에 복통이 더 이상 진전되지 않도록 차분하게 자신의 몸을 이완시킨다. 그런 점에서 규칙적인 아기마사지는 인생을 살아가는 데 소중한 초기 스트레스 관리 프로그램이기도 하다.

인생의 터를 닦는 유아기

심리학자들은 유아기에 형성된 애착을 연구함으로써 성인의 대인 관계 유형을 예측하는 척도로 삼는다. 안정적인 유아기를 보낸 사람들, 즉 부모가 자주 안아주고 욕구를 잘 들어주며, 따뜻한 시선을 주고받으며, 사랑을 듬뿍 받고 자란 아이는 일반적으로 성인이 되어서 원만한 대인 관계를 형성한다.

다시 말해 다른 사람들과 쉽게 친해지며, 상호 의존성(바람직한 수준에서 다른 사람과 서로 의존할 수 있는 능력)을 유지하는 능력이 탁월하다. 따라서 이들은 서로 신뢰하며 편안한 관계를 맺게 된다. 한 집단 연구에서 이런 남녀가 만나 결혼을 하면 원만한 가정 생활을 유지하며 이혼 확률이 매우 낮다는 결과가 나왔다. 이와는 달리, 애착 관계가 단절되고 불안정한 환경에서 자라난 아기들은 남을 배려할 줄 모르고, 남을 돕기는커녕 다른 사람의 도움을 겸허하게 받아들일 줄도 모르는 사람으로 성장한다.

결국 이들은 신뢰감과 친화력이 부족하고, 질투, 집착, 두려움 때문에 결혼 생활은 물론 친구 관계도 그르치게 된다. 그런 점에서 유아기에 자주 단절감을 경험한 사람들은 철저한 조기 개입으로 치유해 주지 않으면, 성인이 되었을 때 반사회적 범죄를 저지를 위험이 매우 높다. 이렇게 일상적인 마사지를 통해 자연스럽게 익힌 신뢰와 사랑, 동정심, 온정, 개방성, 남을 존중하는 태도는 어린 시절에서 성인 시절까지 그대로 유지된다.

지금부터 여러분이 아기마사지의 진가를 발휘할 수 있는 육아 방식을 활용한다면, 여러분의 아이는 다른 사람들의 어려움을 헤아리고 온정을 베풀 줄 아는 사람이 될 수 있다. 즉 이웃과 더불어 살아가는 공동체 문제를 해결하기 위해 노력하면서, 서로 사랑을 주고받는 평화로운 삶을 살며, 다른 사람에게 봉사하고 인류 발전에 이바지하는 사람으로 성장할 것이다.

Infant Massage

2 유아의 지각 세계

세상을 둘러보는 앙증맞은 두 눈

소리를 듣기 위해 쫑긋 세운 두 귀

향긋한 냄새를 맡는 코 하나

맛있게 먹는 작은 입 하나

전래 자장가

유아의 지각 발달에는 순서가 있다. 요컨대 근접 지각(물체 가까이 있을 때 효과적으로 작용하는 지각)이 먼저 발달하고, 원격 지각(물체가 멀리 떨어져 있을 때 감지를 잘 하는 지각)이 나중에 발달한다. 그런데 근접 지각 가운데 가장 중요하면서 가장 먼저 발달하는 것이 촉각이다.

촉각과 운동

임신한 지 8주 된 태아도 촉각을 느낀다는 것이 밝혀졌다. 비록 채 3센티미터도 안 되는 키에 눈과 귀도 없지만, 태아의 피부 감수성은 매우 발달한 것이다. 실제로 자연은 태아가 태어나기 훨씬 전부터 마사지를 시작하는 것이다. 즉 둥둥 떠다니며 기분 좋게 흔들어준 다음, 서서히 태아의 세상을 에워싸며 더욱 가까이 접촉해간다. 다시 말해 태아를 포근하게 감싸고 있던 자궁은 점차 강해져서, 규칙적인 수축을 통해 태아를 조이고 눌러줌으로써, 태아의 피부와 신체 기관에 많은 자극을 주는 것이다.

이렇게 유아는 끊임없이 움직이며 촉각에 대한 자극에 익숙해져 있기 때문에, 태어난 이후에도 규칙적인 자극을 필요로 한다. 이에 대한 두 집단의 비교 연구에서, 한 집단의 어머니에게는 젖을 먹일 때나 울 때 아기를 안아주는 것은 물론 하루 몇 시간씩 부드러운 아기띠로 안아주도록 했다. 그런 다음 이 집단의 아기들을 평상시처럼 돌보아준 아기들과 비교해 보았다. 6주일 후, 특별히 많이 안아준 집단의 아기들의 우는 횟수가 다른 집단의 아기들보다 절반이나 적었다.

요즘 캥거루처럼 품어서 기르는 육아 방법이 병원 신생아실에서 널리 시행되는 이유도 자주 안아주는 것이 미숙아의 생리적·정서적·심리적 건강에 도움이 되기 때문이다. 실제로 미숙아들에게 마사지를 자주 해주면 치료 효과가 나타나며, 이는 티파니 필드 박사의 연구에서도 입증된 바 있다.

• 미각과 후각

미각과 후각도 근접 지각에 속하며, 특히 촉각과도 관련되어 있기 때문에 신생아에게는 중요한 부분이다. 태어난 지 겨우 5일 된 아기도 자기 엄마의 냄새와 젖의 맛을 식별할 수 있다. 게다가 아기들도 자기 엄마만이 알 수 있는 특별한 '화학적 기호'를 지니고 있다. 연구에 따르면 많은 엄마들이 자신의 아기가 고작 두 시간 동안 입고 있었던 옷을 냄새만 맡고도 찾아낼 수 있다고 한다.

• 시각과 청각

시각과 청각은 원격 지각에 속하지만 엄마에 대한 정서적 애착을 형성하는 데 매우 중요한 역할을 하는 만큼, 부모와 자식 간의 바람직한 관계를 발전시키는 데 없어서는 안 될 지각이다. 그러나 청각이나 시각 장애가 있는 아기라도 부모가 세심하게 주의를 기울이고 자주 안아준다면 이러한 유대감을 형성하는 데 별 지장이 없다. 촉각도 엄마에 대한 애착을 형성하는 데 큰 영향을 미치기 때문이다. 어쩌면 촉각이 훨씬 더 강력한 영향을 줄 수도 있는데, 이는 아기에게는 촉각이 가장 중요하면서도 먼저 발달한 지각이기 때문이다.

심지어 태어나기 전부터, 여러분의 아기는 볼 줄 안다. 엄마가 임신한 사실을 알기 전부터, 이미 태아의 시신경(눈으로 받아들인 신호를 뇌로 보내는 신경계)은 형성되기 때문이다. 따라서 임신 6~7개월쯤 되면, 태아의 뇌는 이미 빛에 반응하여, 눈을 뜨고 감을 수 있으며, 전후 좌우를 볼 수도 있다. 그러니까 갓 태어난 아기도 엄마를 알아보도록 예정되어 있는 것이다. 신생아의 눈은 대략 20~30센티미터 이내(엄마가 팔로 쉽게 아기를 안을 수 있는 거리)는 초점을 명확하게 맞춘다. 특히 크게 두드러진 엄마의 눈동자나 유두는 아기의 시선을 쉽게 끌어당긴다. 바로 이러한 흡인력 때문에 눈맞춤과 피부 접촉을 통해 유대감을 형성하게 되며, 아기의 존재를 확인시켜주는 것이다. 더욱이 엄마의 신체를 보면서 느끼는 자극은 신경의 미엘린 수초 형성과 생리적 발달을 촉진할 수도 있다.

그런 점에서 엄마가 본능적으로 고음을 내는 것도 고주파 음성에 민감한 반응을 보이는 아기의 특성과 잘 어울린다. 생후 2주일이 되면 청각과 시각의 중추 신경이 완전한 연합을 형성하는데, 아기는 엄마의 모습과 목소리를 좋아한다. 음성과 모습이 서로 다른 네 사람의 모형, 즉 정상적으로 말하는 엄마, 정상적으로 말하는 낯선 사람, 엄마의 음성과 똑같은 낯선 사람, 다른 목소리로 말하는 엄마를 보여주고 아기에게 선택하게 하는 실험 결과가 바로 이러한 사실을 입증해 준다.

아기는 서슴없이 정상적으로 말하는 엄마에게 다가갔으며, 정상적으로 말하는 낯선 사람에게는 좀처럼 시선을 주지 않았다. 그러나 나머지 두 모형, 즉 엄마와 낯선 사람을 혼합해 놓은 모형을 본 아기는 질겁하며 울음을 터뜨렸다. 또 다른 실험에서는 갓 태어난 아기에게 헤드폰을 끼워주고 두 가지 목소리로 이야기를 들려주었다. 아기가 고무젖꼭지를 빠르게 빨 때마다 엄마의 목소리를 틀어주었고, 그 외에는 낯선 목소리의 이야기를 틀어주었다. 그 결과 유아는 엄마의 목소리로 이야기를 들을 수 있는 방법을 터득했으며, 낯선 사람보다 엄마의 목소리를 훨씬 더 좋아했다.

언어 학습의 초기 단계에서도, 아기는 엄마의 음성에 따라 규칙적으로 몸을 움직이며, 그 동작이 엄마의 언어 양식과 일치한다는 사실을 알 수 있다. 또 엄마와 아기를 찍은 영상을 컴퓨터로 분석한 결과 유아는 모든 언어와 일치하는 독특한 동작을 하는데, 이것은 아기가 모든 언어 양식에 따라 신체 반응을 달리한다는 것을 의미한다. 그러나 아기가 성장할수록, 이러한 동작은 정밀 분석 도구로만 식별이 가능할 정도로 대단히 미세하게 나타난다.

아기는 먼저 지속적 반사 운동을 하다가, 소리를 내기 시작한 다음, 끝소리와 감정을 전달하는 감탄사를 내며 옹알이를 한다. 그 다음엔 마침내 말을 하게 되는데, 이렇게 말로 자신의 생각을 전달할 수 있기 때문에 더 이상 반사 운동이 필요 없게 된다. 그러나 유치원에 다닐 나이가 된 아이조차도 '발' 이라는 말을 따라해 보라고 하면 자신의 발을 움직거린다. 이런 현상은 내면화된 부모의 음성 흔적이 이때까지도 남아 있음을 보여준다. 실제로 아기 말투를 흉내 낸 말이나 노래를 통해 들려주는 엄마의 음성은 급속도로 발달하고 있는 아기의 오른쪽 뇌에 곧바로 전달된다.

아기는 자궁에서 청각이 발달한 순간부터 부모의 음성을 들으며, 심지어는 그 이전부터 엄마의 뼈를 타고 흐르는 음성의 리듬을 감지한다. 최근 들어 생후 6주 된 아기도 언어를 해독할 수 있다는 사실이 널리 인정받고 있다. 또한 아기들도 서로 다른 문장 구조나 관용어를 식별할 수 있음을 증명한 연구도 있다.

1997년 워싱턴 대학교의 신경학자 패트리샤 쿨(Patricia Kuhl)이 수행한 연구에 따르면, 부모는 아기가 음가(音價)를 정확히 파악할 수 있도록, 무의식적으로 모음을 실제보다 길게 발음한다고 한다. 예를 들어 'bed'라는 단어의 모음은 bed와 bid의 모음과 아주 혼동하기 쉽지만, 부모들은 이것을 발음할 때 아기 말투로 하되, 한껏 목소리 높여 노래하듯이 모음을 길고 강하게 하여 'beds'를 'beeeeeeds'로 발음한다. 그러니까 부모는 아이들이 말하기와 읽기를 잘 배울 수 있도록 자연스러운 방법으로 모음을 구분시켜 준다.

쿨 박사는 생후 6개월 된 아기들도 자신의 모국어에서 중요한 모음을 구분할 수 있다고 밝혔다. 또한 부모가 모음을 길게 발음하는 현상은, 연구 대상이 된 모든 언어권에서 공통적으로 나타난다는 사실도 알게 되었다. 이렇게 볼 때 부모는 자신의 아기가 모국어를 익히는 데 필요한 청각적 정보들을 제공하도록 '예정되어' 있는 것 같다. 이것과 똑같은 효과를 얻을 수 있는 것이 바로 나중에 소개할 아기마사지 방법인데, 마사지의 손동작은 특정한 음성이나 리듬과 연결되어 있다. 아기의 배 위에 'I Love You' 라는 글자를 쓰면서 마사지를 하는 동안, 나는 부모들에게 높은 음으로 모음을 길게 발음할 것을 적극 권한다.

지금까지 경험으로 볼 때, 아기마사지 수업에 참여한 아기들은 이 특별한 마사지 방법에 잘 적응하며 무척 좋아했다. 이따금 몇몇 아기들이 짜증부리고 울 때는, 강의실 안에 있는 모든 부모들이 'I Love You' 마사지를 실시하면서, 동시에 길게 소리내어 "나는 너를 사랑해"라고 말한다. 그러면 울음을 그치고, 아기들은 생글생글 웃으며 마사지가 되풀이될수록 점차 몰입하게 된다. 어린아이들이 이 마사지 방법을 자주 해달라고 청할 정도로 좋아하는 것은, 손동작을 하면서 부모들이 하는 말소리를 자꾸 듣고 싶어하기 때문이다.

• 초기자극

유아들이 건강하게 발달하는 데 필요한 여러 가지 자극들을 자연스럽게 받아들인다는 사실에 반대하는 사람은 없지만, 전문가들은 유아의 지각을 인위적으로 자극하는 것은 절대적으로 반대한다. 그러나 초기 자극의 필요성을 강조하는 사람들은 흑백의 대비가 뚜렷한 영상(검정과 하양의 원이나, 바둑판 무늬, 줄무늬로 이루어진 모빌), 무해한 소음(진동 청소기나 자동차 엔진의 단조로운 소리들)을 비롯한 여러 가지 녹음된 소리 등으로 유아의 지각을 자극하면, 유아의 발육을 촉진하고 지능을 발달시키는 한편, 숙면과 배앓이의 고통을 줄이는 데도 유용하다고 한다.

널리 인정받는 의사이자 〈의사 인지학회(Anthroposophical Society's Fellowship of Physicians)〉의 회장을 역임한 헨리 윌리엄스(Henry Williams) 의학 박사는, 유아란 부드러운 윤곽과 흐릿한 색깔로 이루어진 곳에서 있다가 나왔기 때문에, 이 세상에 있는 뾰족한 직선들을 서서히 보여주는 것이 바람직하다고 주장한다. 다시 말하면 "갓난아기가 감미로운 음악, 부드러운 선, 차분한 색상으로 이루어진 자신만의 공간에서 평생을 살아갈 이 세상을 나올 때, 처음 보는 현란한 것들에 과민반응을 보일 수 있으므로 세심한 주의를 기울여야 한다. 그런 것들을 서둘러 알려줄 이유가 전혀 없다."

그런데도 높은 지능을 갖추게 할 수 있는 아이들의 능력 개발에 지대한 관심을 가진 부모들은 그 가치의 효용성에는 아랑곳없이, 아이들의 장기적인 정서 발달에 해가 될 수도 있는 프로그램들을 앞다투어 받아들인다. 특히 유아 제품 제조업자들은, 낡은 방식에서 벗어나 최대한 빨리 정보 처리 능력을 아기들에게 습득시키지 않으면 갈수록 심화되는 경쟁 사회에서 돈과 명예를 얻지 못하는 아이가 될 것이라며 은근히 부추긴다.

그렇게 볼 때 유아에게 '지각 자극기' 같은 인공적인 물체를 달아주는 행위는 결국 그 제품의 생산업체와 개발 전문가들에게 분명 큰 혜택을 베푸는 셈이다. 또한 올바른 부모 역할을 수행하기 위한 사회적 지원이 거의 없기 때문에, 이러한 물리적 기계들을 구입함으로써 스트레스와 죄책감에서 얼마간 해방되는 경우도 종종 있다. 그러나 여기에서 우리가 주의해야 할 것은 부모로서 직관력과 자신감을 상실할 수 있다는 사실이다.

이런 추세가 계속된다면 언젠가 우리는 자기 자신보다 기계가 훨씬 더 좋은 자극제, 훨씬 더 유능한 진정제, 훨씬 더 효율적인 뇌 발달 촉진제이며, 이러한 제품이 없으면 자신의 아이는 가난하고 무능력한 사람이 될 수밖에 없다고 믿게 될 것이다. 아울러 정서적인 양분을 제공하고 참된 삶의 길을 가르치며, 아이가 살아갈 세상에 대해 알려주기보다는, 아이에게 '필요한' 자극적인 기계를 마련해 주기 위해 더 많은 돈을 버는 데만 급급할 것이다.

실제로 유아 전문가들이 마사지의 엄청난 혜택을 유아 발달에 적용시키는 데 깊은 관심을 기울이게 되었다. 이러한 관심은 영리를 추구하는 사람들의 목적과 잘 부합되었다. 몇 해 전, 나는 농담 삼아 큰 돈을 벌고 싶다면, 아기들에게 적합한 아기마사지 기계를 만들라는 말을 한 적이 있었다.

그런데 당시 쇼핑몰에서 성황리에 판매되고 있던 마사지 기계(결국 이 기계가 벽장에 처박힌 신세가 된 것은 손으로 하는 마사지와는 달리 긴장을 이완시키는 효과가 전혀 없었기 때문이다)를 모방한 아기마사지 기계를 한 회사에서 제조했을 때, 나는 너무 놀랍고 어처구니가 없었다. 어쨌든 부모들이 자신의 정성스런 손길을 대신할 수 있는 것은 아무 것도 없다는 사실을 깨닫게 되면서, 이 아기마사지 기계 역시 벽장 신세를 질 수밖에 없었다.

현대의 발달주의 심리학자들도 유아들은 학습 능력을 타고나기 때문에, 아늑하고 포근한 환경에서 자신에게 필요한 정보를 얼마든지 찾을 수 있다는 데 동의하고 있다. 그러니까 부모와 아기의 강력한 결속으로 안정감만 느낀다면, 아기는 자신 앞에 펼쳐진 세상을 스스로 헤쳐 나갈 수 있으며, 육체적 · 정신적 능력을 충분히 개발할 수도 있다.

물론 이때 행해지는 아기마사지는 아기들에게 훌륭한 지각 경험을 많이 제공해 준다. 예컨대 부모의 눈, 머리 모양, 미소, 향기, 그리고 이야기를 들려주거나 자장가를 불러주는 부모의 목소리는 아기에게 비교할 수 있는 다양한 흥밋거리를 제공할 뿐만 아니라, 따뜻한 사랑이 담긴 마음을 전달해 준다. 또한 미엘린 수초의 형성을 촉진하여, 아기에게 활기차고 아름다운 세상에 태어났다는 사실을 알려주기도 한다.

실제로 아기에게 엄마가 불러주는 노래보다 더 달콤한 음악은 없으며, 아버지의 생생한 목소리로 읽어주는 동화책보다 더 재미있는 장난감도 없다. 그런 만큼 제 아무리 기발한 발명품일지라도 부모의 따뜻한 손길을 대신하지 못한다. 포근하게 감싸안고 기분 좋게 흔들어 주는 부모의 두 팔보다 더 좋은 자극을 줄 수 있는 기계도 물론 없다. 또한 무해한 소음에 관한 한, 함께 들이쉬고 내쉬는 숨소리와 심장 뛰는 소리보다 근사한 것은 없다.

3 유대감과 애착

아가야, 엄마는 네 옆에 누워 너만 본다

다른 것들은 모두 잊은 채

꿈속에서 세상 일들이 스쳐지나 가지만

깨어나면 그런 것에는 아랑곳하지 않는다

막 새로 불어넣은 것 같은 향기를 뿜어내며

쌔근거리는 너의 숨소리에 귀기울이며

영롱한 천상의 빛을 머금은

천진난만한 너의 눈동자를 본다

작자 미상, 1860년.

유대감과 애착은 환희의 몸짓 언어이다

유대감 또는 결속은 우주 전체에서 일어나는 기본적인 현상으로서, 물리학적 측면에서는, 분자가 발생하는 에너지 장에서 이루어진다. 즉 에너지의 두 분자가 서로 근접하여 회전하며, 분리되었을 때도 동일한 극성을 형성하는데, 사람의 심장에 있는 두 개의 세포 역시 서로 근접하여 함께 고동치기 시작한다. 인간 사회는 물론 동물의 왕국에서도, 사랑이 깃들인 접촉으로 맺은 어미와 새끼의 유대감은 건전한 상호 관계와 발달의 밑거름이 된다. 즉 지각 경험과 사랑의 교감으로 이루어진 어미와 새끼가 밀착하면 그들 사이에는 일체감이 형성된다.

오래 전 동물 행동학자 콘라드 로렌츠(Konrad Lorenz)가 새끼 오리는 처음 본 움직이는 물체를 따라다니며 유대감을 형성하도록 생물학적으로 예정되어 있다고 밝히면서부터, 동물학자들은 각인(刻印) 현상을 알게 되었다. 한편, 원숭이와 염소를 연구한 해리 할로우와 그의 동료들은 새끼의 신체적 발육과 정신적 건강 유지에 필요한 유대감을 형성하는 데는 결정적인 시기와 조건이 있다는 사실을 알게 되었다. 새끼가 어렸을 때 유대감을 제대로 형성하지 못한 어미 원숭이는 자신이 낳은 새끼를 학대했기 때문이다.

실제로 동물들이 유대감을 형성하는 결정적인 시기는 대개 출산 직후 몇 분 또는 몇 시간이다. 어미는 새끼를 핥아주고 만져주면서 새끼와 유대감을 형성하는데, 이것은 자궁 밖의 세상에 신체적으로 적응할 수 있도록 도와주는 일종의 마사지인 셈이다. 만약 이 결정적 시기에 어미와 새끼가 헤어지면, 나중에 다시 만나더라도 어미는 자신의 새끼를 버리거나 외면하는 일이 종종 벌어지게 된다. 어미의 자극을 받지 못한 그 어린 새끼 역시 다른 방법으로 먹이를 주어도 목숨을 잃는 경우가 있다.

이러한 동물 연구와 유사한 인간 관찰 실험도 많다. 그 중에서도 특히 존 케넬(John Kennell) 박사와 마셜 클라우스(Marshall Klaus) 박사의 연구에 따르면, 인간에게도 유대감을 형성하는 결정적인 시기가 있다는 것이다. 그러나 동물과 달리 인간의 결정적인 시기는 엄밀하게 규정하기가 힘들며 생후 몇 개월, 심지어 몇 년까지 연장될 수도 있다.

그런 점에서 이러한 유대감과 직결하여 사용하는 말이 바로 애착이다. 유대감이 인간이나 동물 세계에서 출생 직후 특정 시기에 형성되는 것이라면, 애착은 두 존재 사이에서 지속적으로 유지되는 관계이기 때문이다. 한편 프랭크 볼튼(Frank Bolton)은 자신의 저서 『유대감 형성에 실패할 때(When Bonding Fails)』에서, 유대감은 임신 기간 동안 생모에게 형성되어 생후 며칠까지 이어지는 일방적인 과정이라고 설명하고 있다. 그러나 애착은 이와는 반대로 친부모이든 아니든 부모와 자식 간의 상호 작용이며, 함께 생활하는 첫 일 년 동안 형성되고 평생을 통해 강화되는 것이다. 그렇기 때문에 그는 애착은 유대감과 '동일한 의미를 지녔다고 보기 힘든' 감정이라고 주장한다.

그런데 일반적으로 이 두 가지 용어를 같은 의미로 사용하는 것은, 인간이 유대감을 형성하는 시기를 정확하게 규정하기 힘들 뿐만 아니라 유대감과 애착이 형성되는 시기가 어느 정도 겹쳐지기 때문이다.

게다가 케넬과 클라우스 박사가 '특정한 시기에 형성되어 평생 동안 지속되는 두 사람 사이의 특별한 관계'라고 정의한 유대감은, 곧 애착에 대한 정의와 같다. 내가 두 단어를 같은 개념으로 사용하는 것도 이 책에서는 엄밀한 학술 용어나 의학 용어를 적용할 까닭이 없기 때문이다. 오히려 친자식이든 입양아이든 상관없이, 부모와 자식이 주고받는 사랑이라는 관점에서 보면 이 두 단어를 일상적 언어로 사용하는 것이 바람직할 듯하다. 요컨대 유대감과 애착은 시간이 흐를수록 점차 가까워지는 연속적 과정이며 아기마사지를 통해 강화될 수 있다.

한편 케넬과 클라우스 박사는 유대감을 형성하는 데 필요한 요소로 포옹, 입맞춤, 그리고 오랜 눈맞춤을 들고 있다. 실제로 케넬과 클라우스 박사를 비롯한 여러 사람들의 연구 결과를 보면 유아기의 유대감과 애착의 결핍은 아동기의 학대, 무관심, 발달 장애와 상관 관계가 대단히 높은 것으로 드러났다.

그래서 출산 직후부터 아기와 헤어져 있던 엄마는 기본적인 육아 방법조차 모르며 배우려는 의지도 부족한 경우가 종종 있다. 심지어 그 기간이 아주 짧을지라도 엄마와 아기의 관계 형성에 부정적인 영향을 미칠 수도 있다.

여러 분야의 전문가들은 유럽에서 이러한 '유대감 위기'가 심화되고 있다며 경고의 목소리를 높인다. 예를 들어 『위기 일발 : 양식 없는 아이들(High Risk:Children Without a Conscience)』의 저자인 켄 매지드(Ken Magid) 심리학 박사는 미국에서 아동 폭력이 발생하기 오래 전부터 역사의 흐름을 바꾸고 있는 이른바 '심각한 인구학적 격변'에 대해 경계하면서 이렇게 말했다.

"일하는 엄마들 - 그들의 자녀들이 유대감을 상실할 가능성 - 은 그저 관심이 부족한 정도로만 끝나는 것이 아니다."

그는 1988년, 머지않아 무서운 사건들이 발생할 것이라고 예고하면서, 맞벌이 가정의 스트레스, 생계 유지를 위해 애쓰는 편부모들, 성공지상주의 사회, 자격 미달의 보모와 환경이 열악한 보육 시설, 육아 휴가를 전혀 실시하지 않는 직장, 취약한 입양 제도, 이혼 부부의 자녀에 대한 부적절한 양육권 위임은 현대의 유아들에게 커다란 위험 요소로 작용한다고 지적했다.

실제로 애착이 아예 없거나 불안정한 유아는 원만한 대인관계를 형성하지 못하는 성격 장애에서, 반사회적 범죄 행동에 이르기까지 성장 과정에서 여러 가지 장애를 겪을 수 있다. 여기서 불안정한 애착이란 유아가 자신을 돌보아주는 사람에게 지속적인 사랑을 받지 못함으로써 마음이 안정되지 못하고, 욕구 불만이 커지며, 자신이 살아갈 세상에 대해 불신감을 형성한다는 뜻이다. 이처럼 애착이 불안정한 아이들은 세상을 두려워하며, 다른 사람을 믿지 못하고 마음의 문을 닫기 때문에 언젠가 자신도 모르게 폭발할 수 있는 분노를 품게 된다. 결국 애착이 불안정한 유아들이 확고한 애착을 형성하기 힘든 것은 신뢰하는 방법을 배우지 못했기 때문이다.

그런데 어미에게 매달리는 새끼 원숭이들과는 달리, 사람의 아기는 자신이 먼저 엄마에게 접촉하여 욕구를 충족시킬 신체적 도구가 없다. 따라서 유아의 삶은 부모의 정서적 애착의 강도에 따라 좌우될 수밖에 없다. 출산 직후 엄마와 아기의 접촉이 많을수록 매우 긍정적인 관계를 형성한다는 것은 여러 연구를 통해서도 증명되었다. 실제로도 출산 직후 몇 시간, 며칠 동안 아기와 유대감을 형성한 엄마는 자신의 아기에게 깊은 친밀감을 느끼기 때문에, 아기를 안정시키기 위해 더 많이 노력한다.

즉 눈을 더 오래 맞추고, 훨씬 더 많이 안아주며, 가능하면 모유를 먹이기 위해 각별한 노력을 기울인다. 그런데 젖을 먹이는 동안 눈길을 많이 준 엄마의 아기는 체중이 훨씬 빨리 늘었고, 만 3세가 되었을 때, 엄마와 떨어져 지낸 아기들보다 스탠포드 - 비네 지능 검사의 점수가 훨씬 더 높았다.

내 아이 남에게 맡길 때

위탁 양육이 생후 1년 미만의 아기들에게 미치는 영향을 연구한 유아 교육 전문가들은 이미 1985년에 숱한 연구 결과를 토대로 경종을 울린 바 있다. 말하자면 열악한 환경의 보육 기관에 아기를 위탁하거나 너무 일찍 위탁 양육을 하면 장기적인 스트레스를 유발하여 부모와 아기의 유대감 형성을 저해할 수 있다는 것이었다.

그로부터 불과 10여 년이 지난 지금, 우리는 지위와 또래들의 인정을 얻고 공포와 좌절감을 줄이기 위한 수단으로 거리낌없이 폭력을 행사하는 수많은 아동들에게 경악하고 있다.
물론 이 같은 아동 폭력을 유발한 원인에는 대중 매체의 무분별한 방송 태도, 폭력을 관용하는 전반적인 사회 분위기, 확대 가족의 붕괴 등 여러 가지가 있다. 그렇지만, 일부 전문가들은 애착 과정에서 겪은 단절감이 유아의 마음 깊이 뿌리내림으로써, 다른 사람에게 상처 입히는 행위로써 자신의 분노를 표출할 수 있다고 주장한다.

실제로 너무 일찍 부모와 떨어져 지낸 유아는 유대감이 제대로 형성되지 않아 장차 온전한 삶을 영위하기 힘들고, 화목한 가정도 꾸릴 수 없게 된다. 또 불안정한 애착을 느끼고 일차적인 교육 기관으로서의 역할을 제대로 수행하지 못하는 가정에서 자란 아이도 종종 치유하기 어려울 만큼 심각한 정신적 장애를 겪는다.

갓난아기를 둔 젊은 부부들에게는 양육 문제가 큰 비중을 차지하기 때문에, 가정의 소득 증대에 관한 한 별다른 대안이 없는 실정이다. 그런 만큼 이 책에서 일하는 엄마에게 죄책감을 유발시킬 의도는 전혀 없다. 또한 신중하게 결정해야 할 사안이긴 하지만, 위탁 양육과 부모의 직접 양육을 저울질하는 것도 의미가 없다.

다만 양육 문제에서 가장 중요한 것은 보살펴주는 사람이 누구이든 상관없이 유아가 받는 양육의 질과, 가정 환경의 질이라는 게 필자의 믿음이다. 요컨대 내가 아직도 유아를 가장 훌륭하게 키울 수 있는 사람이 부모라고 확신하는 것은 이 때가 애착 형성의 결정적인 시기이며, 애착이 유아의 심리와 행동에 끼친 영향은 결국 평생의 삶을 좌우하기 때문이다.

매지드 박사는 앞서 소개한 『위기 일발 : 양식 없는 아이들』에서 지나치게 빠른 위탁 교육의 위험성을 강조하면서 이렇게 충고하고 있다.

"모든 문헌을 검토한 뒤 내가 얻은 결론은 어떤 아기도 생후 1년이라는 중대한 시기에 소외되어서는 안 된다는 것이다. 그러므로 갓난아기를 둔 부모는 위탁모이든 일가 친척이든 다른 사람에게 아기의 양육을 위탁하는 문제에 대해 아주 신중하게 고려해야 한다. 왜냐하면 바로 이 생후 1년은 아기 인생에서 가장 중요한 시간이기 때문이다."

1996년 〈미국 아동 건강 및 발달 연구소(National Institute on Child Health and Development)〉에서 수행한 연구 결과, 갓난아기에서 만 7세아를 둔 1,300 세대가 위탁 양육과 부모의 직접 양육을 병행하고 있었다. 또한 위탁 양육의 질이 나쁘거나 보모가 자주 바뀌며, 엄마마저 유아의 욕구에 무관심할 경우, 그 유아는 불안정한 애착을 형성할 가능성이 매우 높다는 사실도 알게 되었다. 결국 유아가 유대감을 형성하는 데 영향을 주는 것은 위탁 양육 시간의 양이 아니라, 가정에서 이루어지는 상호 작용의 질, 위탁 양육 기관의 환경의 질, 보모(수가 적을수록 좋다)와 아기의 상호 작용의 질이다.

한편 생후 1년에서 30개월 된 유아를 우수한 위탁 기관에 맡기면, 저소득층 가정의 유아에게서 나타날 수 있는 지능 저하를 예방할 수도 있다. 그렇다면 유아 양육의 관건은 위탁 기관에 맡기느냐 부모가 직접 양육하느냐가 아닌 듯하다. 유아에게 필요한 사랑과 온정, 사려 깊은 관심을 베풀기는커녕, 스트레스만 주는 환경이야말로 애착 형성을 방해하는 가장 큰 위험 요소라고 할 수 있다.

따라서 아이를 양육하기 위해 일을 포기했을지라도, 소득 감소와 자긍심 상실로 부모가 심한 스트레스를 겪는다면 그 자체가 아기에게 나쁜 영향을 줄 수 있다. 그러므로 차라리 좋은 환경에서 사랑으로 아기를 돌보아 줄 수 있는 착실한 보모 한두 명에게 위탁하는 것이 부모 자신도 만족감을 느끼고, 퇴근한 이후의 시간에 집중적으로 사랑과 애듯한 정을 베풀 수 있다.

사실 육아 휴직을 얻기 힘든 부모들은 위탁 양육 외에 달리 방법이 없다. 따라서 일하는 부모는 아이를 떼어놓아야 하는 고통과 그에 따른 죄책감을 감내할 수밖에 없으며, 자신이 보육 시설을 제대로 선택했는지 걱정이 앞선다. 때때로 이러한 자책감 때문에 부모는 아이에게 거리감을 느끼게 되고, 결국 강화되어야 할 유대감이 도리어 약화되는 경우도 있다.

한편 날마다 마사지를 해주면 위탁 양육하는 유아와 부모 사이의 애착을 형성시키고 강화시키는 데 엄청난 효과를 얻을 수 있다. 퇴근한 이후 집에서 부모와 아기의 재결합을 위해 하루 30분씩 마사지를 해주면, 부모는 가정 생활에 충실할 수 있고 아기는 안정감과 부모의 따뜻한 사랑을 느낄 수 있게 된다.

생후 6개월 된 존의 엄마 바바라는 이렇게 말한다.

"우리 아기는 마사지가 좋은지 내내 까르륵 웃는답니다. 마사지를 하는 시간은 맞벌이 부부인 우리에게 하루의 스트레스도 풀고 존과 재결합할 수 있는 소중한 기회입니다. 우리 아들이 행복하고 편안하게 지낼 수 있는 것도 다 마사지 덕분이에요."

물론 직장에 다니는 부모의 아기들 중에는 마사지를 하는 시간에 짜증을 부리기도 한다. 예컨대 집에 돌아오면 한 시간은 울어대고, 마사지 시간에도 짜증만 부리던 아들이 보육 시설에서는 아무 탈없이 즐겁게 지내는 걸 보고, 아기가 자기보다 보모를 더 좋아하는 것 같다며 나에게 호소하는 엄마가 있었다. 이 엄마는 대개 아들이 울면 마사지를 그만두고 아들이 울다가 지쳐 잠든 모습을 보면서, 자격 없는 엄마라는 죄책감에 시달렸다고 했다.

그러나 그 아이가 우는 까닭은 온종일 쌓인 긴장감을 참고 있다가 가장 안전한 환경에서 엄마를 가까이 했을 때 표출되는 것이라고 설명하자, 아들을 진정으로 이해하게 되었다. 아들이 왜 우는지 알게 된 엄마는 아들의 몸을 꼭 조였다가 풀어주는 마사지를 반복하며, 말과 몸짓으로 동정심을 표현하면서 스트레스를 줄여주었다.

그렇게 2~3주일이 지나자, 아기의 울음이 점점 줄어들었다. 마침내 아들과 깊은 유대감을 형성한 엄마는 퇴근하고 집에 오면 아들을 마사지해 주면서 자신이 좋은 엄마이며 아들에게는 자신이 이 세상에서 둘도 없이 소중한 사람임을 확인시켰다. 뿌듯한 자신감이 생기면서 아들에 대한 정이 새록새록 솟아났다. 아들도 점점 마사지에 익숙해져서

유대감과 애착을 갖기 위한 노력

부모와 아기의 유대감을 형성하는 데 필요한 요소는 눈맞춤, 피부 접촉, 음성 들려주기를 비롯해, 부모에 대한 아기의 반응, 아기와의 접촉을 통한 여성 호르몬과 남성 호르몬의 분비, 체온 조절, 수유를 통한 아기의 면역체 형성 등이 모두 포함된다.

이와 같은 모든 요소들이 마사지 과정에 통합되지만, 이 중에서도 유대감을 강화시키는 절대적 요소는 눈맞춤, 피부 접촉, 음성 들려주기와, 의사소통, 즉 부모와 아기가 서로 친밀감을 쌓는 '환희의 몸짓'과 아기가 부모에게 보내는 반응을 꼽을 수 있다.

까르륵 웃음을 터뜨리며 엄마와 눈을 맞추고, 부드러운 손길과 자신을 어르는 엄마의 목소리를 들으며 편안함을 느꼈다.

눈 맞춤

눈맞춤은 인간의 가장 강력한 대화 방식 중 하나이다. 부모와 아기가 주고받는 눈길은 특별히 서로를 연결시키는 생명의 끈이다. 예를 들어 부모는 어떻게 해서든 갓난아기의 얼굴을 마주보며 아기의 눈을 맞추고 싶어한다. 처음 아기를 낳은 부모는 감상에 젖은 목소리로 이렇게 말한다." 아가야, 어서 눈을 뜨렴. 엄마를 봐야지?"그러다가 아기가 눈을 맞추기라도 하면 자신도 모르게 탄성이 터져 나온다. 부모는 아기와 눈을 마주친 순간 처음으로 아주 친밀한 느낌을 받는다고 한다.

한편 유아의 시각계는 생물학적으로 부모의 눈동자나 유두처럼 흑백의 대비가 뚜렷한 까만 동그라미를 찾도록 예정되어 있다. 그렇게 볼 때 임신 기간 동안 여성 호르몬이 분비되어 젖꼭지가 거무스름하게 변하는 것도, 아기가 엄마 젖을 쉽게 찾을 수 있도록 돕는 것이 아닐까. 어찌 됐든 전문가들은 눈맞춤이 유아의 생리적 기관에 강렬한 자극을 제공하는 것으로 추정하고 있다. 다시 말해 이 자극이 뇌에 전달됨으로써 출생 과정에서 생성된 스트레스 호르몬의 대량 분비를 억제시킨다는 것이다.

따라서 유아는 마사지를 하는 동안, 유아는 부모와 얼굴을 마주보며 상호 작용을 하게 된다. 즉 부모와 아기는 눈맞춤을 통해 많은 긍정적인 자극을 제공하면서 "이제는 편하게 쉬어도 좋다"는 메시지를 계속 강화시키게 된다.

피부 접촉

엄마들은 무의식적으로 자신의 갓난아기를 쓰다듬어 주는 듯하지만, 사실 이러한 본능적 행동은 유아의 미엘린 수초 형성을 촉진하며 감각 기관들의 활동을 자극한다. 그런 점에서 촉각은 유대감을 형성하기 위한 결정적인 요소이다.

사실 사랑에 빠진 연인들, 우정을 쌓아 가는 아이들, 심지어 새로 애완 동물을 얻은 사람들도 오랫동안 다정하게 접촉한 다음에야 돈독한 유대감을 형성하게 된다. 반면 이러한 피부 접촉을 하지 못한 동물들은 반사회성과 공격성이 강하며, 자신의 새끼를 무시하고 학대하는 경향이 짙다. 신경학자 리처드 레스탁(Richard Restak)은 그의 저서 『유아의 마음(The Infant Mind)』에서, 촉각의 중요성에 대해 이렇게 설명하고 있다.

유아는 엄마를 돌아본다. 엄마는 과연 어떻게 반응할까? 아기를 만져줄까, 아니면 외면할까? 이 짧은 순간이 중요하면 얼마나 중요할 것이며, 또 얼마나 큰 만족을 얻겠는가! 그러나 인간은 바로 그 짧다는 사실에 속아, 몇 십 년 동안 지속될 마음의 교통이 일어나는 중요한 순간을 놓치고 만다. 엄마는 아기를 돌아보며 만져준다. 엄마도 아이도 아무 말 없이. 한 사람이 다른 한 사람을 살짝 만져주는 것이 그토록 중요하다는 것을 누가 감히 짐작이나 할 수 있겠는가!

목소리 들려주기

유대감을 형성하는 세 번째 요소는 음성 들려주기이다. 임신 7개월 무렵 처음 소리에 반응하는 바로 그 순간부터, 아기는 계속 부모의 음성을 듣는다. 그래서 부모의 언어 양식에 따라 몸을 움직이는데, 이때 고음은 아기의 귀에 훨씬 더 감미롭게 들린다. 그러므로 아기를 마사지 해 줄 때, 노래를 부르거나 이야기를 들려주면 좋다. 왜냐하면 아기는 마사지와 특정한 음성을 연상시키기 때문이다. 예컨대 아이의 이름을 되풀이해서 부른다거나 나직한 음성으로 '긴장을 풀어' 라고 말해주면 아이는 이 시기부터 긴장 해소법을 배울 수 있다(제 5장 참조).

그 가운데 아기마사지는 태어난 순간부터 형성되는 유대감을 강화시키는 효과가 있다. 마사지를 통해 편안하고 정답게 사랑을 교감하며 즐기는 법을 배운다. 또한 부모가 긴장된 팔이나 다리를 풀어주는 것을 보면서 자신의 신체 구조를 익히며, 고통스러운 체내 가스를 배출하는 법을 알게 된다. 아울러 부모가 자신의 눈을 들여다보고, 달콤한 목소리로 노래를 불러주거나 이야기를 들려주며, 자신을 부드럽게 쓰다듬어 주기까지 한다. 결국 이러한 환희의 몸짓은 날이 갈수록 아기에게 새로운 유대감을 솟구치게 만든다.

생후 3개월 된 켈리의 엄마 데비는 자신의 경험을 이렇게 설명한다.

"마사지를 하면 할수록 딸이 훨씬 더 가깝게 느껴지고, 아이의 몸을 더욱 잘 알게 되더군요. 또 딸애의 성장 속도가 무척 빠르다는 것을 알게 되면서, 그 작은 몸을 더 많이 마사지하게 되는데, 하루가 다르게 무럭무럭 자라는 딸애의 모습을 보는 일만큼 뿌듯한 것도 없어요. 딸도 저에게 더 친밀감을 느끼는 듯합니다. 일일 마사지 덕분에 서로 진정한 신뢰감을 얻은 거죠. 육아의 기쁨과 고통을 소중하게 간직하고 싶었던 제 소망도 마사지를 통해 얻고 있답니다. 우리 딸의 육체적·

정신적 발달은 바로 이 마사지가 가져다준 더없이 고마운 선물이죠."

부모와 유아의 상호 이해

부모는 규칙적인 마사지를 통해 아기의 몸짓 언어, 특별한 신호, 자극 역치, 긴장 상태나 이완 상태를 쉽게 간파할 수 있는 기회를 얻게 된다.

실제로 연속적인 특정 행동을 통해 긍정적 반응을 얻는 부모가 자신의 아기에게 더욱 친밀감을 느낀다는 사실을 뒷받침해주는 연구 결과도 있다. 그런 점에서 친밀감, 의사소통, 놀이, 양육 효과를 동시에 얻는 마사지는 부모들의 자신감 배양에도 한 몫을 한다.

다시 말해 부모는 마사지를 하면서 아이의 온몸을 쓰다듬어 주고 긴장감을 해소시켜주며, "나는 너를 사랑하기 때문에 너와 단 둘이서 이야기를 나누고 싶다"는 아주 특별한 메시지를 보낸다. 지금까지 모든 경험을 종합해 볼 때, 대부분의 유아들이 이런 마사지의 효과를 충분히 누리고 있다. 지금은 어엿한 성인이 된 우리 아이들도, 아기 때부터 계속 받았던 일일 마사지 덕분에 다정다감하고, 남을 배려할 줄 알며, 다방면에 뛰어난 능력을 갖춘 사람이 되었다. 결국 유아기 때 쌓은 친밀감이 아동기는 물론 자신의 정체성과 자기만의 인생을 찾기 위해 떨어져 있어야 했던 십대와 이십대 초반까지도 큰 힘을 발휘하였다.

서로 멀리 떨어져 자주 대화를 나누지 못하는 상황에서도, 우리는 늘 애틋한 마음으로 재회하여, 서로의 아픔을 위로해주고 새롭게 애착을 느끼며 서로를 이해해주고 더욱 깊은 친밀감을 가졌다. 그런데 우리가 이처럼 확고한 가족의 유대를 형성할 수 있었던 것은 젖먹이 때부터 사랑을 교감하는 마사지를 통해 강한 애착을 형성했기 때문이다. 그것이 모두 아기마사지 덕분이라고 나는 서슴없이 말할 수 있다.

유대감 형성은 어릴 때부터 키워라

갓난아기 때 유대감을 제대로 형성하지 못한 부모라도, 적절한 방법을 효과적으로 활용하면 얼마든지 만회할 수 있다. 그러므로 출생 직후부터 자신의 아기와 사랑이 깃들인 유대감을 형성하지 못했다고 해서, 절망할 필요는 없다.

인간에게는 단점을 극복하고 새로운 것을 배울 수 있는 놀라운 능력이 있기 때문이다. 그리고 우리가 유대감의 중요성을 깨닫기만 한다면, 의식적으로 인간의 본성을 일깨울 방법이 있다.

만약 아기가 시선을 피하고, 몸이 경직되어 있거나 부모와의 접촉을 싫어한다면, 먼저 아기에게 각별한 정성을 기울여 신뢰감을 주고, 건강하게 발달할 수 있도록 애착을 형성해야 한다(제 13장 참조). 이때 일일 마사지는 우리의 아기와 일체감을 형성하는 훌륭한 밑거름이 될 수 있다.

처음에는 아주 짧게, 약 5분 정도로 시작해서 아이가 눈을 맞추고 부모의 손길을 좋아하게 되면 점차 시간을 늘리는 것이 좋다. 또 여느 아이보다 더 많이 안아 주거나, 함께 잠을 자고 목욕하며, 깨어 있을 때는 같이 놀아주는 것도 도움이 된다. 피부 접촉, 눈맞춤, 애정 표시

등 어떤 행동이든 정성을 쏟아야 하는데, 다만 주의할 점은 절대 서두르면 안 된다는 사실이다.

어떤 부모들은 이른바 초기 '유대감 형성기'를 놓쳤다는 조바심 때문에, 짧은 시간에 과도한 자극을 주어 일시에 만회하려는 조급함을 보인다. 그렇지만 중요한 점은 아이에게 보조를 맞추어야 한다는 사실이다. 다시 말하면 사랑과 관심, 눈맞춤, 안아주기, 달래기 등의 행동조차도 아이가 편안하게 받아들일 수 있도록 시간과 속도를 조절해야 한다는 것이다.

유아기를 함께 보내지 않은 부모들 중에는 그 스트레스와 좌절감이 너무 커서 유대감을 재형성하기가 어려운 사람도 있다. 만약 그런 사람들이 있다면, 즉각 전문가와 상담하면 큰 도움이 될 것이다. 가슴에 맺힌 응어리를 토해 내는 것이 치료의 일차적인 과정이다. 그런 만큼 상담사나 신경정신 전문의의 도움을 받으면 자신이 미처 생각하지 못한 좋은 방법들을 찾을 수 있다.

여러분의 아기를 위해서, 오래도록 부모와 자식 간의 건전한 관계를 이어가기 위해서, 다른 사람의 도움을 받는 것은 참으로 현명한 선택이다.

앞으로 입양아, 수양 자녀, 미숙아를 비롯한 특별한 관계에 대해 살펴보게 될 것이다. 이런 특수한 경우에는 마사지 방법도 달라지지만, 본질적으로 자녀 양육이라는 점에서는 다를 바가 없다.

4 아버지들을 위한 육아 교실

아버지여, 천국에서 날아온 한 마리 작은 새가
잠 못 이루고 있습니다
이미 그 명민한 머리로 깨달았을지도 모릅니다
끈기 있게 칭얼거리다 보면
끝내 당신의 거친 옷자락 끝에
자신의 머리를 누일 수 있으리라는 것을

노만 게일

아기가 태어난 순간부터 참여하라

신세대 아버지들의 육아에 대한 관심이 점차 커지고 있다. 다시 말해 어느 정도 자라서 같이 놀 수 있을 만한 나이가 되기 전까지는 어떻게 안아야 할지 몰라 불안해하며 갓난아기를 금방 아내에게 건네주는 아버지들은 이제 찾아보기 힘들다.

그러나 출생 직후부터 육아에 참여하려는 적극적 열망이 크다고 해도, 초보 아버지들이 그 열망을 실천하는 데는 걸림돌이 한두 가지가 아니다. 일단 아이와 함께 보낼 수 있는 시간이라곤 저녁과 주말로 한정되어 있다. 평일에는 과중한 업무로 피곤이 쌓이기 때문이다. 게다가 기본적인 가사 분담과 경제적 책임까지 가중되어 한층 더 스트레스를 받게 된다. 그뿐이 아니다. 만약 맞벌이 부부라면, 아내 또한 똑같은 스트레스에 시달릴 것이며, 직장 생활을 하다 보면 이미지 관리와 업무 성과에 신경을 써야 하는 만큼 육아에 대한 아버지의 책임이 커질 수밖에 없다.

여러분은 출산 이후 몇 주일 동안, 아내는 아내대로 기진맥진해 있고 아기는 아기대로 칭얼거리는 모습을 자주 발견하게 될 것이다. 초보 엄마는 몇몇 사람들이 생각하는 것처럼 호사스럽게 아기와 재미있는 시간을 보내거나 텔레비전 드라마를 보기는커녕, 다리 한 번 쭉 뻗고 앉을 틈이나 친구나 친척을 만날 시간도 거의 없이 온종일 일에 매달려야 한다.

더욱이 그 일이라는 것도 청소, 빨래, 기저귀 갈아주기, 젖 먹이기,

아이 달래기, 시장 보기를 다람쥐 체 바퀴 돌 듯 반복해야 하는 것인데다, 노동의 대가를 지불 받는 것도 아니다. 심지어 수고했다며 등 한 번 두드려주는 이도 없다. 사정이 이러한데 퇴근하는 남편을 반갑게 맞아줄 아내가 얼마나 되겠는가! 아내와 사별한 어느 아버지의 다음과 같은 말은 참으로 많은 것을 시사해 준다.

"예전엔 저도 할 만큼 했다고 생각했는데, 정작 아내가 세상을 떠난 뒤 혼자 아이를 키우며 일에 치이다보니 제가 얼마나 무심한 남편이고, 아버지였는지 깨달았습니다."

초대받기를 기다리지 마라

아버지들이여, 아기를 키우는 일에 동참해 달라고 초대받기를 기다리지 마라. 즉 산부인과든 조산원이든, 태어난 아기를 위해 며칠 동안 호의를 베풀 누이나 장모의 손에 떠밀려 나오지 마라. 오히려 간호사와 산파 또는 장모에게 기저귀 가는 법, 트림시키는 법, 체온 재는 법, 목욕시키는 법을 적극적으로 묻고 배워라. 만약 분유를 먹이기로 부부가 합의했다면, 분유 먹이는 법도 익히는 것이 좋다(모유를 먹는 유아일지라도, 이따금은 우윳병에 받아 두었다가 먹어야 할 때도 있다). 만약 아내가 일을 제대로 못한다며 불평할지라도, 자기 방어에 급급하기보다, 제대로 하는 법을 아내에게 묻고, 가르쳐 준 것에 대해 고마워하라. 어떤 아버지가 말했듯이 "머지않아 아내가 갓난아이의 돌보다 녹초가 되면, 남편이 갓난아이 대장의 총애를 받을 기회가 올 것이다."

여러 연구 결과에 따르면, 아버지의 사려 깊은 육아 태도는 안정적인 애착 형성을 진단하는 척도이며, 부부애가 돈독한 아버지는 육아에 참여하는 확률이 높다고 한다. 갓난아기를 둔 부부는 좋은 부모가 되기 위한 시간은 말할 것도 없고, 부부만의 오붓한 시간을 갖기도 여간 어려운 일이 아니다. 특히 남성은 아내나 아이가 자신이 원하는 것과 정반대 되는 반응을 보일 때는 허탈감을 느끼는 듯하다. 더욱이 꼬박 하루동안 아기를 돌보면서 지내는 날이면, 적어도 초기에는 부부가 모두 수면 부족으로 고생을 한다.

이러한 스트레스 요인들은 남성들이 자상하고 온화한 아버지 역할을 배우지 못하게 하는 커다란 걸림돌로 작용한다. 또한 그들은 어머니와 같은 양육 방식에 대한 학습도 거의 받지 못했다. 다시 말해 대부분의 여성들은 어려서부터 아이를 돌보는 방법을 배우는 것과는 달리, 남성들은 그럴 기회도 없이 성인이 되기 때문에, 처음 아버지가 된 남성들에게는 특별한 도움과 격려가 필요하다.

그러나 실제로 아버지들은 우유 먹이기, 기저귀 갈아주기, 목욕시키기는 물론 안아주기, 살살 흔들어주기, 노래 불러주기, 아이와 함께 춤추기, 동화책 읽어주기, 마사지까지도 척척 해낼 수 있다. 많은 아버지들이 자신의 아기와 피부 접촉을 하면 '육아 촉진 호르몬'이 활성화된다는 사실을 많은 사람들이 간과하고 있다.

이에 대해 심리학자 톰 달리(Tom Daly)는 이렇게 지적하고 있다. "마사지를 해주는 동안, 아버지들은 비상한 방법으로 아이들을 파악한다. 아버지들은 아기의 마음 깊은 곳과 자신의 마음 깊은 곳을 서로 연결시키는 듯하다. 일반적으로 남자아이들은 9세가 되면 이런 마음 깊은 곳을 닫도록 조건화되지만, 자신의 아기를 마사지해 주면서 예의 그 마음 깊은 곳이 활짝 열리게 된다. 결국 아버지들은 자신들의 남성다움을 지킬 수 있는 안전한 환경에서는 위대한 양육자가 된다."

그는 또한 아버지들의 각별한 관심을 받고 자란 아이들은 자신감과 창의력이 훨씬 뛰어나다면서 다음과 같이 덧붙인다.

"남성과 남성다움은 변하고 있다. 이것은 육아에 의욕적으로 참여하는 아버지들이 지속적으로 늘고 있다는 사실만 보아도 알 수 있다. 아기마사지는 이러한 남성의 변화를 촉진할 수 있는 천금같은 기회로서, 아버지가 자신의 딸이나 아들에게 마사지를 해줄 때 이 세상은 더욱 살기 좋은 곳이 된다."

아이 키우는 아버지, 성공한 엄마

부부애가 깊은 부모를 가졌다는 사실은 아이에게 커다란 축복이다. 이에 대해 마이클 램(Michael Lamb) 박사는 자신의 저서 『아동 발달에서의 아버지의 역할(The Role of Father in Child Development)』에서 이렇게 밝히고 있다.

"아버지와 아들의 관계가 친밀할 때 그 아들의 남성성은 크게 발달한다. 다행히도 요즘에는 자녀 양육에 전혀 무관심한 아버지보다 적극적으로 참여하는 아버지가 훨씬 더 많다. 이들은 흔히 자상하고 칭찬을 많이 해주는데, 이러한 아버지의 행동은 훗날 아주 값진 보상을 얻게 된다. 사실 자녀 양육에 적극적으로 참여하는 아버지의 아들은 그렇지 않은 아버지의 아들보다 아버지를 모방하고 싶은 열망이 훨씬 더 크다."

물론 딸도 아버지와의 깊은 유대감을 필요로 한다. 버클리 종단 연구는 부모가 공동으로 자녀를 양육한 가정에서 자란 딸들이 훨씬 건전하고 원만한 성인이 된다는 것을 시사해 주고 있다. 크게 성공한 여성들을 보면, 그 뒤에는 여성다움을 소중하게 여기면서 유능한 사람이 되도록 격려하며, 온화하고 자상한 배려로 딸의 독립심을 키워준 아버지가 있다.

마사지는 출생하는 순간부터 부모와 유아가 누릴 수 있는 최고의 경험이다. 갓난아기는 아버지도 자신을 부드럽고 사랑스런 손길로 쓰다듬어 줄 수 있을 뿐만 아니라, 자신의 신체적·정서적 욕구를 충족시키는 데 도움을 받을 수 있는 소중한 사람이라는 사실을 알게 된다.

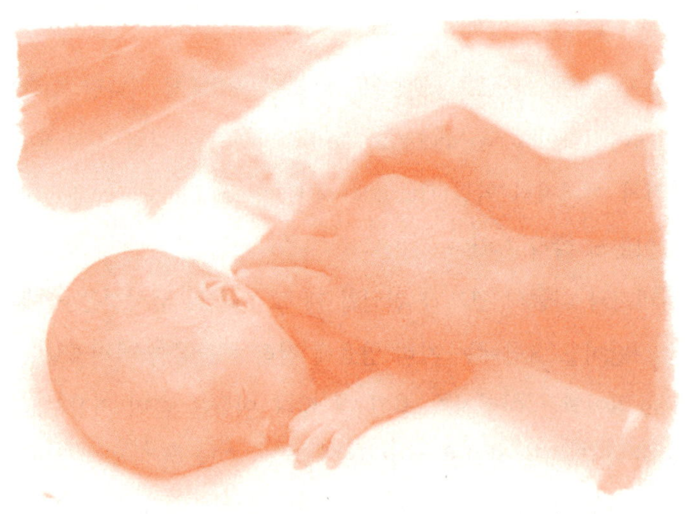

한편 마사지를 통해 잠재 능력을 깨닫게 된 아버지는 자신도 아이를 키울 수 있다는 자신감을 얻게 된다.

규칙적인 마사지를 통해 아버지와 갓난아기 사이에 일어나는 가장 중요한 과정은 유대감 형성이다. 모유 먹이기가, 포근하게 안아 피부를 접촉하면서 얼굴을 마주보며 대화를 나누고 엄마와 아기의 유대감을 지속적으로 강화해준다면, 마사지는 아버지가 아기와 접촉할 수 있는 기회인 셈이다. 실제로 유아기에 규칙적으로 자신의 아기를 마사지 해 준 아버지들은 훗날 그 시절을 떠올리며 흐뭇해한다. 일곱 살짜리 제이슨의 아버지 론은 그 때를 이렇게 회상한다.

"내 손바닥에 마사지 오일 따르는 소리를 듣고 팔다리를 버둥거리며 활짝 웃던 아들의 모습이 지금도 생생하게 떠오릅니다. 제이슨이 어른이 되어 아이를 낳으면 그 때의 이야기를 해준다는 생각만으로도 가슴이 벅차 오르는 걸요. 어이쿠, 이러다 내가 손자까지 마사지해 주겠다고 나서겠군요"

이제 한 아이의 아버지로서 아이를 마사지하는 데 필요한 20~30분을 확보하는 슬기를 발휘해야 한다. 일반적으로 차분하게 마사지를 시작할 수 있는 때는 휴일 아침이 가장 좋다. 단 책이나 아내, 또는 마사지 강좌를 통해 기본적인 방법을 배운 뒤, 마사지를 할 때는 반드시 아버지와 아이 단둘만 있어야 한다. 왜냐하면 부모가 마사지를 같이 해 줄 경우, 아이는 한꺼번에 여러 가지 자극을 받게 되어 도리어 불안해 할 수도 있기 때문이다.

처음에는 아주 부드럽게 다리나 등부터 서서히 시작하는 것이 좋다. 어쩌면 그 자그마한 아기를 마사지하기에는 자신이 너무 힘이 세고

서툴다거나, 자신의 손이 너무 우악스럽고 거칠게 느껴질지도 모른다. 맨 처음에는 누구나 어설프고 불안해지기 마련이다. 먼저 아이의 등에 살짝 자신의 손을 얹어 놓으면 아이는 아버지의 사랑을 느끼며 편안해 할 것이다. 처음부터 곧바로 마사지 동작을 할 필요도 없다. 그저 아버지와 아기가 서로 연결되어 있음을 느끼면서, 여러분 자신의 몸을 이완시킨 뒤, 아이에게 사랑을 전달하는 데 집중하면 된다.

그런 다음 자신의 마음이 편안해지면, 그때부터 간단한 쓰다듬기를 시작으로, 쉬엄쉬엄 아기의 몸을 조이고 펴는 동작을 반복하는 것이 좋다. 명심할 것은 영화의 슬로 비디오처럼 모든 동작을 서서히 아주 부드럽게 해야 한다는 점이다. 부드러운 목소리로 이야기나 노래를 들려줄 때, 아기가 어느 정도 반응을 보인다면, 눈맞춤을 시도해 본다.

아기는 대개 이때쯤 어떤 의미가 담긴 몸짓을 반복할 것이다. 점차 시간이 흘러 아기가 아버지의 손길에 훨씬 더 익숙해지면, 여러분도 더 오래 다른 부위까지 마사지 해주고 싶은 마음이 간절해지고 자신만의 독특한 마사지 기술을 개발하고 싶어질 것이다. 부디 유아뿐만 아니라 아버지를 위한 것이기도 한, 이 책을 끝까지 읽고 많은 도움을 얻기 바란다.

5 유아의 긴장은 어떻게 풀어줄까

날마다 앞으로 걸어가던 한 아이가

처음으로 어떤 물체를 보았는데

아이는 바로 그 물체가 되었다

- 월트 휘트만

편안한 아기, 편안한 자신의 모습을 상상해보라

잠시 눈을 감고 여러분의 아기 모습을 떠올려 보라. 무엇이 보이는가? 아기가 깨어 있는가, 자고 있는가, 아니면 울고 있는가? 몸을 활기차게 움직이는가, 조용한가? 긴장하고 있는가, 아니면 편안한 모습인가? 살이 포동포동 올랐는가, 비쩍 말랐는가?

우리가 마음 속에 상상한 모습과 실제 아기 모습은 어떤 차이가 있는가? 때때로 우리는 자신의 경험을 토대로 아이나, 자기 자신 또는 다른 사람들의 이미지를 떠올리곤 한다.

그 한 예로 태어난 직후 병원에 입원한 우리 둘째 아이의 경우를 들 수 있다. 그 아이가 아주 건강한 모습으로 퇴원한 다음에도, 나는 오랫동안 무의식적으로 우리 딸애의 아주 연약한 모습을 떠올리곤 했다. 심지어 그 당시 내가 느꼈던 공포를 딸에게 투사시키고 있다는 사실을 깨달으면서도, 딸에 대한 이미지를 쉽게 바꾸지 못했던 것이다. 이것은 사고가 습관적으로 굳어지기 때문이다. 이런 고정 관념은 결국 우리의 사고 작용에 직접적인 영향을 미치며, 특히 부모의 생각과 행동이 고스란히 아기에게 투영되는 결과를 낳는다.

부모는 자신의 생각을 은연중에 말과 행동으로 옮기고, 아기는 그것을 곧 자신의 것으로 받아들인다. 따라서 아이의 긍정적인 모습을 상상하며 확신을 갖는다면 좁은 사고의 틀에서 벗어나 아이의 잠재력을 최대한 개발할 수 있도록 자극을 줄 수 있다. 일일 마사지는 이러한 긍정적인 심상 그리기와 언어 자극을 연습할 수 있는 좋은 기회이다.

마사지를 해주는 동안, 여러분의 아기가 편안해 하며, 온몸을 활짝 펴고 긴장을 푸는 모습을 상상해 보라. 또한 아기가 건강하고 행복한 모습으로 자라는 것을 마음속에 그려보아라. 아울러 여러분이 마사지를 해주는 동안, 아기의 심장이 뛰고, 폐가 건강해지고, 장이 원활하게 활동하는 것을 상상해 보라.

그리고 아기의 피가 동맥과 정맥으로 힘차게 흘러가는 것을 떠올려 보라. 마사지는 아기의 피가 팔 끝, 다리 끝까지 전달되도록 도와줄 것이다. 마사지를 하는 동안 아기가 편안해 하고, 환한 웃음을 지을 때는 칭찬을 해주면 더욱 좋은 효과를 얻을 수 있다. 이를테면 다음과 같은 말을 해주면 긍정적인 태도를 발달시키는 데 도움이 된다.

"와, 우리 아가 배 정말 부드러운데!"

"네 뱃속에서 가스가 움직이는 게 느껴져. 그걸 몸밖으로 밀어낼 수 있겠니?"

"넌 지금 다리를 편하게 하는 법을 배우고 있어. 정말 잘 하네!"

"자, 아주 편안하게, 힘을 쭉 빼. 그러면 아주 행복할 거야."

"우리 아가가 마사지 해주는 엄마를 도와주는구나. 넌 정말 멋진 딸이야!"

부모의 긴장해소

생후 몇 달 동안 아기는 행복하고 신나게 지내겠지만, 동시에 스트레스도 많이 받는다. 지금 여러분의 신체 중에서 긴장되어 있는 부위가 어디인가? 깊은 호흡을 하고 있는가? 아기를 안고 왔다갔다 하면서 이 책을 보는데, 혹시 아기가 보채는가? 아기를 울면 여러분의 몸에 어떤 변화가 생기는가? 잔뜩 긴장되는가, 숨을 멈추는가, 아니면 얕은 숨을 쉬는가? 혹시 자고 있는 아기가 울기라도 하면 어쩌나 싶어 걱정하며 불안해 하는가?

임신과 분만 과정에서 겪게 되는 그 경이로운 변화, 새로 태어난 아기를 양육하는 데 따른 숱한 일들, 수면 부족과 단 한 순간도 조용히 혼자 보내기 힘든 상황들이 모두 긴장과 불안을 증폭시킨다. 이것은 육아 초기에는 도망치고 싶을 만큼 감당하기 힘든 일상들이다. 유아의 일일 마사지는 이런 긴장과 불안을 해소할 수 있는 기회를 제공해 준다. 사실 평온한 부모의 마음이야말로 육아의 필수 조건이다.

그런데도 갓난아기를 둔 엄마라면 누구나 시시때때로 긴장감과 불안감을 느끼며, 아무리 최선을 다해 보살핀다고 해도 아기는 칭얼대며 울기 시작한다. 한편 갓난아기들은 부모의 행동 하나, 말 한 마디에 담긴 미묘한 느낌을 전부 감지할 정도로 아주 예민한 존재이다. 그래서 엄마가 이맛살을 찌푸린 채로 '긴장을 풀라'고 말하면, 아기는 그 두 메시지를 동시에 받아들이는데, 이 때 건성으로 하는 말보다 찌푸린 이맛살이 훨씬 더 큰 영향을 미치게 된다.

아기들이 밤낮 없이 칭얼대고 보채는 때가 있다. 그럴 때는 대충 그 시간을 가늠해 두었다가 짜증을 부리기 한 시간쯤 전에, 마사지를 해주면 잔뜩 쌓인 긴장을 풀어줄 수 있다. 15분 정도만 마사지를 해주어도 짜증내는 아기와 성난 부모의 악순환에서 충분히 벗어날 수 있다.

우리 아들이 갓난아기였을 때, 마사지를 해준 다음 따뜻한 물로 목욕을 시켜주면, 엄마도 아이도 편안한 밤을 보낼 수 있다는 사실을 알게 되었다. 여름철에는, 따뜻한 아침 햇살을 받으며 마사지를 해준 다음, 욕조에 미지근한 물을 받아 그 안에서 물장구치고 놀게 하면, 나는 나대로 신나게 노는 아이를 지켜보면서 느긋하게 쉴 수 있고, 아들은 아들대로 감각 경험을 할 수 있는 멋진 기회가 되었다.

제한적 복식 호흡

지난 몇 년 동안 내가 개발한 제한적 복식 호흡법을 아기마사지 강좌에 접목시켜 실시해 왔다. 나도 아침에 일어나서 바로, 그리고 밤에 잠자기 전에 이 호흡법을 열심히 해보고 있다. 제한적 복식 호흡은 하루 계획을 세우고, 밤잠을 편하게 자는 데도 아주 그만이다. 또한 아픈 아기를 돌보느라 잠이 부족하거나, 일상적인 가정생활의 연장 속에서 겪게 되는 혼란들을 원만하게 극복하는 데도 도움이 된다.

제한적 복식 호흡법이 여러분의 삶을 어떻게 변화시키는지 한 달 동안 꾸준히 시도해 보라고 권하고 싶다. 이 호흡법은 하기도 쉽고, 굳이 따로 시간을 할애하지 않고도 일상생활 속에서 자연스럽게 할 수 있기 때문에, 본격적인 명상을 하기 전 준비 과정으로도 손색이 없다. 게다가 자동차나 버스 안에서, 요리를 할 때나 만날 사람을 기다릴 때, 언제 어디서나 쉽게 연습할 수 있다. 특히 치과 진료나 큰 수술을 앞두고 긴장되거나, 감당하기 벅찬 일을 처리해야 하거나 까다로운 사람을 만나기 전에도 이 제한적 복식 호흡은 큰 효과를 발휘한다(많은 의사들은 정서 불안이나 공황증에 시달리는 사람들에게 이와 비슷한 호흡법을 권장한다).

그런가 하면 아이의 속수무책인 행동을 보게 되거나 기진맥진해 어찌 해야 좋을지 모를 때도 도움이 될 것이다. 또한 마사지를 시작하기 직전에 여러분 자신의 마음을 가다듬고 아기에게 사랑을 전하기 위해 몰입하는 데도 유용하다. 호흡하는 방법은 다음과 같다.

1. 어디든 편안한 자리에 등을 곧게 펴고 앉는다. 눈을 감아도 좋고, 떠도 좋다. 여러분 폐에 있는 모든 공기를 방출할 수 있도록 숨을 깊이 내쉰다.
2. 1에서 4까지 세며 코로 서서히 숨을 들이쉰다.
3. 다시 1에서 4까지 천천히 세며 서서히 폐의 공기를 내보낸다.
4. 위의 1,2,3번을 3분 동안 반복한다.

한 번씩 숨을 들이쉬고 내쉬기를 할 때마다 잠깐 정지되는 시간이 있을 것이다. 그것은 신경 쓰지 않아도 좋다. 무리하게 서두르지 말고, 마치 공기를 들이마시는 것을 상상해 보라. 공기를 들이마실 때는 배가 최대한 팽창되고 내쉴 때는 완전히 수축되도록 배 끝에서부터 숨을 몰아쉬어라.

이 호흡법을 반복하면서 '긴장을 풀라' 거나, 몸의 긴장을 풀고 걱정과 근심을 마음에서 몰아낼 수 있는 말이라면 무엇이든 떠오르는 대로 해도 중얼거려도 좋다. 신체의 어느 부위가 긴장되어 있는지 파악되면, 그 부위를 의식적으로 이완시켜라. 어떤 사람은 주로 '천천히' 라는 말을 하고, 또 어떤 사람은 '편하게 있어' 라는 말을 하지만, 위에서 설명했던 것처럼 숫자 세기를 해도 무방하다.

가벼운 접촉을 통한 신체이완

부모가 자녀에게 해줄 수 있는 가장 좋은 일 한 가지는 스스로 돕는 법을 가르쳐 주는 것이다. 긴장을 말끔하게 해소할 수 있는 능력은 아이나 어른이나 모두 유용하게 활용할 수 있다.

이 능력을 빨리 익히면 익힐수록, 그만큼 자연스럽게 몸에 배어 자유자재로 사용할 수 있게 된다. 우리 아이들에게 해주었던 일일 마사지의 혜택 한 가지는, 성인이 된 지금도 자유자재로 자신의 몸을 이완시킬 수 있다는 사실이다.

실제로 우리 아이들이 아기마사지 강좌에서 썩 훌륭한 '시범 교사' 역할을 할 수 있었던 것도 걸음 무렵부터 이완법을 완전히 익혔기 때문이다. 유아기부터 '가벼운 접촉' 마사지를 배워온 아이들은 성장해 가면서 지속적으로 이 방법을 활용하게 된다.

결국 가벼운 접촉 기법은 우리 아이들의 성장기에 매우 큰 도움이 되었다. 내 딸은 8살 때 치아 교정을 받기 전에 치아를 몇 개 뽑았다. 그러니 얼마나 두렵고 고통스러웠겠는가. 치과 대기실까지 딸애의 울음소리가 들렸다. 나는 진료실로 들어가 의사에게 이를 뽑는 동안 아이 옆에 있게 해 달라고 부탁했다. 의사는 그게 무슨 도움이 되겠냐는 듯이 시큰둥한 반응을 보이면서도, 아이가 너무 겁에 질려 있던 터라 기꺼이 승낙했다.

나는 딸 옆에 앉아 오래 전에 개발한 아기마사지 방법대로 손을 주물러주고, 가볍게 두드려주었다. 딸애가 아기였을 때 들려주었던 고음의 엄마 목소리로 이렇게 말해주었다.

"눈을 감고 심호흡을 한 다음, 따뜻한 햇살을 받으며 구름을 타고 떠다니는 모습을 상상해 보거라."

그러자 딸은 이내 온몸의 긴장을 풀었고, 치과 의사는 별 어려움 없이 딸애의 이를 뽑을 수 있었다. 나는 우리 딸이 심한 긴장감에 휩싸일 때마다 그 애가 좋아하는 새끼 고양이 블랙키를 불러 딸의 다리를 문질러주도록 했다.

아이가 긴장하는 낌새를 보이면, 나는 조용히 블랙키를 불러 딸의 손을 문질러 주게 한 다음, 몸을 핥아주게 했던 것이다. 질병, 상처와 같은 신체적 스트레스나, 등교 첫날이나 애완동물을 잃었을 때 받는 정신적 스트레스, 새 집으로 이사하는 데서 겪는 환경적 스트레스를 벗어나기 위해서는 모두 이완 마사지 방법을 이용해보면 도움이 된다.

가벼운 접촉을 통해 신체를 이완시키는 방법

주로 쓸어주기를 하는 사이, 또는 마사지를 끝낸 후에 사용하는 '가벼운 접촉' 마사지는 간단하고도 쉽다. 이 방법은 대개 마사지 전 과정에 적용할 수 있을 뿐만 아니라, 여러 가지로 활용도가 높다. 만약 출산 준비 강좌를 들어본 독자라면, 신체 부위별 이완 방법을 의식적으로 연습하는 방법을 기억할 것이다. 그와 똑같은 방법을 아이에게도 적용하여, 아이를 자신의 어느 신체 부위에 몰두하게 한 다음 그 부위를 이완시키는 방법을 보여주고, 여러분이 지시한 대로 아이가 잘 따라할 때는 칭찬을 해준다.

예를 들어 다리 마사지를 시작하려고 하는데 아기의 다리가 경직되고 긴장되어 있다고 하자. 그럴 경우 아기의 다리를 여러분의 양손으로 감싸면서 받쳐준다. 여러분의 손으로 아기의 다리를 꼭 잡고 있으면 아기의 다리가 이완되는 느낌이 여러분의 손에 전달될 것이다.

그때 아기의 다리를 가볍게 치면서, 부드러운 목소리로 '긴장을 풀라' 는 말을 반복한다(제 2장에서 언급했던 것처럼 모음을 강하고 길게 한다). 똑같은 말을 반복할 때는 똑같은 음성으로 해주어야 한다. 아기의 다리 근육이 이완되는 것을 느끼는 바로 그 순간, 즉각 아이에게 "정말 잘 하는구나! 네가 너의 다리 근육을 이완시킨 거야."라고 칭찬해주고, 활짝 웃으면서 입맞춤을 해주면 더욱 효과가 좋다. 다른 신체 부위도 이와 똑같은 방법을 적용할 수 있다.

긴장된 부위를 이완시키려면, 좌우로 살짝 돌리기, 가볍게 치기, 감싸기를 하면서 아기가 즐거운 반응을 보일 때는 칭찬을 해주어라. 이 방법은 아이를 자신의 신체 부위에 몰두하게 하여 스스로 근육을 이완시키는 법을 터득할 수 있도록 도와주면서 여러분의 촉감과 이완의 긍정적인 효과를 연상시키게 해준다(제 12장 참조).

손 올려놓기

특히 체질적으로 병약한 아기, 미숙아, 또는 배앓이가 심한 아기를 맨 처음 마사지해 줄 때는, 살짝 손만 얹어놓아도 마사지 효과를 얻을 수 있다. 아기마사지 강사의 지도교사인 헬레나 모제스가 개발한 방법 중에 내가 가장 좋아하는 것이 바로 이 '손 올려놓기' 이다. 이것은 장소에 구애받지 않고 사용할 수 있는 방법으로, 여러분의 손을 따뜻하게 하여 아이의 몸에 올려놓기만 하면 된다.

아기의 다리나 팔을 살짝 잡아준다거나, 가슴이나 배, 혹은 등에 손을 얹어놓아도 좋다. 힘주어 올려놓은 손을 통해 따뜻한 기운이 아기에게 전달될 것이다. 이때 의식적으로 여러분의 몸을 이완시키면서 호흡을 천천히 가다듬어라. 여러분의 손이 아기의 몸을 이완시키며 치료하고 있다는 상상을 해보라. 정신을 집중하여 여러분의 몸을 완전히 이완시킨 다음, 손이 따뜻해지는 것을 느껴 보라.

부모와 아기가 모두 마음을 가라앉히고 건강한 마음과 몸으로 사랑을 교감하려면 바로 이 '손 올려놓기' 로 마사지를 시작해야 할 것이다.

감미로운 노래와 달콤한 이야기 들려주기

여러분의 목소리는 아기마사지에서 중요한 부분을 차지한다. 부드러운 음성으로 말이나 노래를 들려주면 평온한 분위기를 만들 수 있기 때문이다. 사실 부모의 마음이 편안할수록 아기에게 더 많은 정성을 쏟을 수 있다.

노래에는 긴장을 풀어주는 놀라운 힘이 있다. 기저귀를 갈 때, 젖을 먹을 때, 기분 좋게 흔들어줄 때, 안고 걸어 다닐 때 아무 때라도 노래를 불러주면 아기의 기분이 좋아질 것이다. 그러다 어느 순간부터는 아기가 자꾸 듣고 싶어하는 노래가 무엇인지도 알게 될 텐데, 아기의 음악적 감각은 여러분의 생각 이상으로 발달되어 있다.

우리가 어렸을 때 들어왔던 익숙한 자장가들은 아기들도 무척 좋아한다. 할머니가 항상 들려주던 브람스의 자장가나 초등학교 때 배웠던 경쾌한 노래들을 떠올려 보라. 또 '자장 자장 우리 아가' 하면서 갓 태어난 동생들에게 들려주던 어머니의 자장가를 생각해 보고, 아기에게도 그대로 불러준다.

어떤 연구에서 부모들을 두 집단으로 나누어 각각 다른 방법으로 노래를 부르게 하였다. 한 집단의 부모들에게는 아기가 없을지라도 직접 들려주는 것처럼 노래하게 했다. 그런 다음 그 부모들에게 실제로 자신의 아이들에게 그 노래를 똑같이 불러주게 했다. 한편 다른 집단의 부모들에게는 녹음한 노래를 들려주었더니, 그들은 아기들에게 직접 들려주는 노래와 거의 같다고 말했다. 그런데 이 녹음된 노래는 훨씬 더 감정이 실리고, 모음을 실제 보다 길게 하고, 원래 박자보다 느리면서도 고음으로 부른 경향이 있었다. 흥미로운 사실은 어머니보다 아버지들이 훨씬 더 천천히 노래를 불러주었다는 것이다.

이 연구 결과에서 부모는 아기가 쉽게 이해할 수 있도록 무의식적으로 모음을 길게 발음하며, 부모의 음성에 따라 아기의 반응이 달라진다는 사실을 뒷받침해주고 있다. 실제로 부모의 음성에 따라 유아의 반응이 달라진다. 다시 말하면 유대감을 형성하는 데 필요한 상호 작용의 공시성(共時性)이 이루어지는 것이다. 이렇게 노래는 아기를 진정시키고 마음을 사로잡을 수 있는 놀라운 방법이다.

노래에 자신이 없다면, 마사지를 하면서 이야기를 들려주거나 그냥 말을 해도 좋다. 중요한 것은 이야기의 내용이나 잘 부르는 노래가 아니라, 바로 여러분의 음성이기 때문이다. 아버지들은 마사지 시간에 자신이 좋아하는 음악을 즐겁게 연주해주는 것도 괜찮다. 감미로운 기타 소리는 아늑한 분위기를 북돋아 느긋한 마음으로 천천히 마사지를 할 수 있게 해준다. 부드러운 교향악, 차분한 레게 음악, 인도의 명상 음악, 천사들이 부르는 듯한 고운 합창, 또는 찰랑이는 파도 소리 역시 부모의 온화한 손길을 더욱 잘 느낄 수 있도록 도와주는 훌륭한 효과음이다.

6 마사지 준비

포근한 엄마 품에서 고물거리는 아가여!

너의 향내가 참으로 달콤하구나!

에우리피데스

마사지의 시작

의식적인 것은 아니지만, 엄마는 아기가 태어나는 바로 그 순간부터 부드럽게 마사지를 시작하는 셈이다. 이것은 유대감을 형성하는 일부로서, 아기의 모든 것을 온몸으로 느끼고 싶은 어머니들의 본능적인 욕구이기도 하다.

마사지를 시작하는 시기는 딱히 정해진 것이 아니기 때문에 부모가 하고 싶은 마음이 생기는 순간 시작하면 된다. 일반적으로 생후 6~7개월 무렵부터 날마다 규칙적으로 마사지해줄 때 가장 효과가 크다. 아이가 기어다니고 걷기 시작하면서 활동량이 많아지면, 주 1회로 줄여도 좋다.

잠자리에 들기 전이나 목욕을 한 다음 몸을 쓸어주는 것을 좋아하는 유아들이 있다. 이런 경우, 꾸준하게 계속 해주는 것이 좋다. 아이의 신체적 · 정신적 발달에 따른 마사지 방법에 대해서는 제 12장에서 구체적으로 살펴볼 것이다.

마사지는 언제 어디서 하면 좋은가?

여러 가지 방법을 시도해 본 다음, 부모 자신과 아이에게 가장 적합한 시간과 장소를 정하는 것이 좋다. 일반적으로는 든든하게 식사를 하고 하루를 시작하는 아침나절이 좋지만 오후나 밤에 하는 것도 나

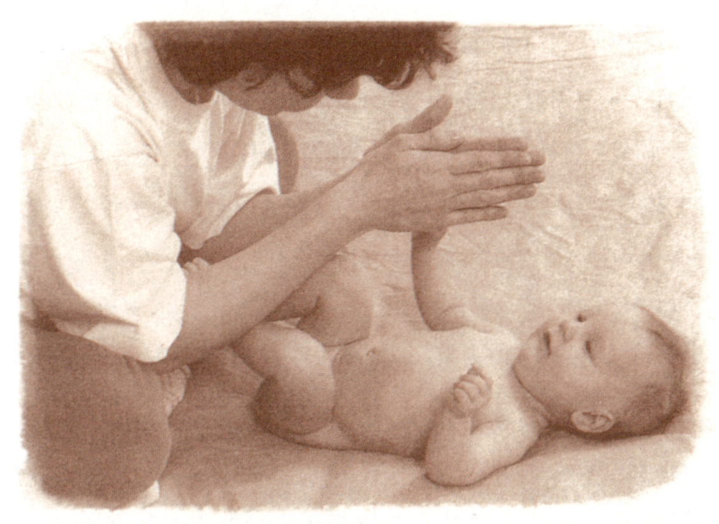

름대로 장점이 있다. 어떤 아기들은 낮잠을 자기 전에 마사지를 해주면, 깊이 잠들 수 있다. 반면 아무리 약한 자극이라도 힘에 부쳐하는 아기들이 있는데, 이런 아기들에게 필요한 것은 휴식뿐이다.

따라서 이런 아기들은 낮잠을 충분히 잔 후에 마사지를 해주는 것이 좋다. 또 피곤해 하면서도 크게 짜증을 부리지 않는 아이라면 밤에 마사지를 해주는 것이 숙면을 하는 데 도움이 된다. 부모의 일정도 고려해야 한다. 직장에 다닌다거나 또 다른 어린 자녀를 둔 부모라면 하루 일과를 마무리짓고, 배우자가 다른 아이들을 보살펴 줄 수 있는 밤으로 정하는 것이 좋다. 마사지는 부모와 아기가 모두 기쁨을 얻을 수 있는 시간이 되어야 하기 때문이다.

초기 단계에서 가장 바람직한 마사지 과정은 아기를 마사지해 준 다음, 아이를 품에 안고 따뜻한 물로 목욕을 시켜주는 것이다. 목욕은 피로를 푸는 데 효과적이어서 아기는 여러분의 품에 안겨 잠들어버리는 경우도 있다. 이렇게 따뜻한 물로 목욕을 하는 것은 아기에게는 '풍경이 있는 자궁' 처럼 여겨질 것인데, 이는 자궁에서처럼 따뜻한 물에서 둥둥 떠있으면서도, 포근하고 다정하게 자신을 안아주는 부모의 모습까지 볼 수 있기 때문이다. 욕조에서 나오면 아기가 울 때도 있는데(자궁에서 어느 날 갑자기 차가운 바깥 세상으로 나오던 때의 충격이 되살아난 것인지도 모를 일이다), 그러나 얼러주면 금세 진정된다.

그렇다면 욕조에서 나올 때 아이가 한기를 느끼지 않게 해주는 방법은 무엇일까? 먼저 욕실의 온도를 따뜻하게 유지해야 한다. 욕조 옆에 대형 수건을 미리 펴두었다가, 목욕이 끝나면 아기를 그 수건에 앉혀 완전히 몸을 감싼다. 그런 다음 욕실에서 나와 물기를 완전히 닦아주고 침대에 누이면 곧장 잠이 들거나, 즐겁게 놀 수 있을 것이다.

생후 6개월 이후부터는, 목욕하는 시간이 곧 아기의 놀이 시간이 된다. 그러므로 목욕을 끝낸 다음에 마사지를 해주면 단박에 피곤을 느껴 쉽게 낮잠을 자는 경우가 많다. 이처럼 마사지는 마지막 남은 긴장까지 모두 해소시켜 주기 때문에 깊은 잠을 자도록 해주는 것이다.

마사지를 하는 장소는 항상 조용하고 따뜻해야 한다. 여름철에는 따사로운 아침 햇살, 새가 지저귀는 소리, 향긋한 자연의 냄새와 바람결을 느낄 수 있는 야외를 이용해도 좋다. 해변에서 파도 소리를 들으며 마사지를 해준다면 더없이 좋을 것이다. 그러나 서둘러서는 안 된다. 여러분의 아기에게는 평생 단 한 번뿐인 소중한 시간이기 때문이다.

마사지하는 곳의 적절한 온도

신생아의 행동 발달에 관한 수많은 연구 업적을 쌓은 저명한 소아과 의사이자 학자이기도 한 페터 볼프(Peter Wolff) 박사는 온도가 유아의 수면 시간과 울음에 미치는 영향이 크다고 밝혔다. 따뜻한 곳에서 자라는 유아는 추운 곳에서 자란 유아들에 비해 잘 울지 않고 오래 잔다는 사실을 발견한 것이다. 철학자, 과학자, 교육가이자 발도르프 교육의 주창자인 루돌프 슈타이너(Rudolf Steiner)* 역시 따뜻한 환경의 중요성을 역설했다. 다시 말하면 유아의 신체와 정신이 건강하게 발달하는 데는 적절한 온도가 필요하다는 것이다.

내가 진행했던 아기마사지 강좌에서도, 특히 생후 3개월 미만의 유아는 따뜻한 환경에서 훨씬 더 편안해 하고, 덜 놀라며, 쉽게 긴장을 푼다는 사실을 발견했다.

그런 만큼 방안 온도가 낮을 때는 소형 난방기를 이용해도 좋다. 또는 작은 병에 따뜻한 물을 담아 아기를 눕힌 담요 밑에 넣어두어도 된다. 방안은 성인이 얇은 옷을 입고 있어도 따뜻함을 느낄 수 있을 정도의 온도를 유지해야 한다. 명심할 것은 아기의 옷을 얇게 입혀도 따뜻함을 느껴야 하며, 옷을 벗겼을 때 추위를 느끼면 아기가 짜증을 부리기 쉽다는 사실이다.

*Waldorf Education : 1919년 독일에서 루돌프 슈타이너가 시작한 교육 방식. '머리(head), 가슴(heart), 손(hands)', 즉 지성, 덕성, 감성의 교육을 목표로, 모든 아동의 발달단계에 따른 능력을 개발하고 아동을 흥미를 중심으로 창의력을 신장시키는 데 주력하는 대안교육

마사지 자세

아기를 마사지해 주기 편한 앉은 자세를 취해야 한다. 마사지하는 사람의 등을 곧게 세우고, 허리 부분을 중심으로 거의 모든 동작이 이루어질 수 있도록 하는 것이 좋다. 방바닥이나 침대 위에 책상다리로 앉은 여러분 앞에 방석이나 담요를 깔고 그 위에 아기를 눕힌다. 최근에는 아기마사지용 방석을 제조한 업체까지 있다. 주의할 것은 아기의 발을 여러분 다리 위에 올려놓을 수 있을 만큼 최대한 가까운 곳에 눕혀야 한다는 점이다.

요람 자세

요람 자세는 인도에서 갓난아기들을 눕히는 자세인데, 성인이 해도 전혀 불편하지 않다. 그 방법은 다음과 같다.

먼저 두 다리를 쭉 편 채 벽이나 가구에 등을 기대고 앉는다. 그런 다음 양 무릎을 바깥쪽으로 굽혀 두 발꿈치가 서로 맞닿게 한다. 다리 사이에 두툼한 담요를 깔고, 아이를 눕힐 만한 자리를 만든다. 이제 다리로 만든 그 '요람'에 여러분과 얼굴을 마주보도록 아기를 눕힌다. 이 자세는 아기에게 안정감을 주고 온기도 보존할 수 있다.

그런데 생후 4~6개월 된 유아들은 강직 목 반사가 나타나기 때문에, 똑바로 누이면 아기의 고개가 저절로 옆으로 돌아간다. 이때 두 발로 아이의 머리를 잘 받쳐주면, 엄마와 똑바로 눈을 맞춘다.

물론 마사지 자세는 여러 가지가 있다. 높낮이를 조절할 수 있는 마사지대를 사용할 경우에는 높이를 조절해 의자에 앉아서 하면 편안할 것이다. 사실 마사지를 하는 장소나 시간이 특별하게 정해져 있는 것은 아니다. 따라서 기저귀를 갈아준 다음에, 아기를 다리나 팔, 목을 마사지해 줄 수도 있으며, 이때 가볍게 주무르기나 손올려놓기를 활용하면 더욱 큰 효과를 얻을 수 있다.

마사지할 때 무엇이 필요한가

마사지를 시작하기 전에 마사지 오일, 수건, 여벌 기저귀 두어 장, 갈아 입힐 옷을 준비해 둔다. 여러분은 더럽혀도 상관없는 편안한 옷을 입는 것이 좋다. 또한 마사지를 시작하기 전에 꼭 해야 할 일은 실내를 따뜻하게 유지하고, 손을 깨끗이 씻어야 하며, 시계나 반지 등 몸에 착용한 장신구를 모두 빼고, 긴장을 풀어야 한다.

마사지 오일의 종류와 선택 방법

여러분의 손이 연약한 아기의 피부를 쓰다듬을 때, 혹시나 마찰을 일으켜 아기가 아파하지나 않을까 걱정하는 것이 바로 부모 마음이다.

마사지 오일을 사용하면 여러분이 염려하는 마찰을 방지할 수 있다.

대부분의 경우, 순한 천연 오일이 좋다. 단 아기 피부가 매우 건조할 때는 오일이 함유된 마사지 로션을 사용하면 쉽게 흡수되어 피부가 금방 부드러워진다. 그러나 일반적으로 로션은 오일에 비해 너무 빨리 피부에 흡수된다는 단점이 있다. 로션을 계속 발라주기 위해서는 마사지를 그만큼 자주 중단해야 한다.

오일의 가장 큰 장점은 아기 피부를 아주 부드럽게 쓰다듬어 줄 수 있다는 것이다. 마사지를 시작하기 전에, 오일을 손에 따른다. 이때 1티스푼이 채 못 되게 오일을 손바닥에 따른 다음, 두 손바닥을 비벼 오일을 따뜻하게 한다. 아기의 몸에 직접 오일을 따르는 것은 좋지 않다. 마사지를 하다가 필요할 때마다 오일을 다시 바른다. 너무 미끌미끌하지 않고 손동작을 부드럽게 할 수 있을 정도의 양이 적당하다.

시중에서 판매되는 베이비 오일보다 과일이나 야채로 만든 천연 오일이 더 좋은 이유는 여러 가지가 있다. 인체는 무엇이든 피부에 바르면 몸 속으로 흡수되어 임파를 타고 온몸을 돌아다닌다. 이 임파는 체내의 유해 물질을 정화시켜 그 노폐물을 방출하는 혈액과 비슷한 기능을 하는 체액이다.

그런 만큼 만약 최신 제품을 아기에게 발라주고 싶다면, 필수 영양소를 파괴하는 비유기물과 석유가 함유된 오일보다는 피부에 영양소를 보충해줄 수 있는 제품을 사용하는 것이 좋다. 그런데 대부분의 베이비 오일은 미네랄 오일로 제조하고, 이 미네랄 오일의 제조과정에서 분별 증류법이 이용된다. 즉 원유를 가열하여 휘발유와 등유가 제거된다. 황산을 사용할 경우에도 이와 비슷하다. 흡수제로 빨아들인 다음

용매와 알칼리로 세척하면, 탄화수소와 기타 화학 물질이 제거되는 것이다.

그러니까 이런 종류의 오일은 식용으로 사용할 수 없다. 일부 영양 전문가들은 미네랄 오일을 섭취하면 각종 비타민 결핍 증상을 유발하기 때문에, 마사지 오일로 사용하지 말도록 권장하기도 한다. 그렇다면 마사지하는 도중에 아기가 손을 입에 넣거나 입 근처로 가져갈 경우, 자칫 유해 물질이 아기의 연약한 소화기관으로 들어갈 우려가 없지 않다. 갓난아기는 뇌와 신경계가 완전히 발달되지 않아서 특히 피부로 흡수된 물질은 큰 영향을 미친다. 또한 시중에서 판매하는 마사지 오일은 피부를 건조하게 하며 숨구멍을 막을 우려도 있다.

이 단 한 가지 이유만으로도 소아과 의사들은 대부분 마사지 오일 사용을 반대한다. 이런 오일들은 바람직한 마사지 오일로 제조하기보다, 단지 흡수가 잘 되는 데만 초점을 맞추었기 때문이다. 그런 만큼 적어도 아기마사지에 사용하는 오일은 피부에 영양을 공급할 수 있는 식용 제품이어야 한다.

실제로 인도 어머니들은 철마다 사용하는 오일이 다르다. 겨울에는 온기를 보존하는 효과가 뛰어난 겨자씨 기름을 이용하며, 여름철에는 시원함을 느낄 수 있는 코코넛 오일을 사용한다. 살구씨 기름과 아몬드 기름 역시 감촉이 좋고 흡수가 잘 된다. 이런 천연 오일은 비타민과 미네랄을 그대로 유지할 뿐만 아니라 지방산도 함유하므로 피부 건강에 좋다.

또한 보습 효과가 뛰어나서 피부가 건조해지는 것을 막아준다. 하지만 마사지를 시작하기 전에 먼저 선택한 오일을 아기 피부에 발라 첩

포 시험(화학 약품에 의한 알레르기성 접촉 피부염을 진단하기 위한 실험 방법)을 해보는 것이 안전하다. 시험 결과 발진이 생겼다면, 아기의 피부가 그 오일에 대한 과민한 반응을 보이는 것이므로, 홍화유 등으로 바꾸는 것이 좋다. 규칙적으로 목욕을 시키면 숨구멍이 막히거나 발진이 나는 것을 예방해 준다.

비타민 E는 피부 건강에도 좋고 오일의 신선도를 유지하는 작용을 하기 때문에, 이 비타민 E가 함유된 마사지 오일을 사용하면 더욱 효과가 좋다. 만약 일반 식물성 오일을 사용할 때는, 비타민 E가 함유된 오일을 한두 방울만 섞어도 천연 방부제의 효과를 얻을 수 있다. 동시에 이것은 제품의 부패를 예방해주는 천연 산화방지제의 기능도 한다. 덧붙여 말하자면 식물을 압착해서 추출한 오일은 비타민 E를 그대로 보존하는 반면, 가열이나 다른 방법으로 추출한 오일은 비타민 E가 파괴되기 쉽다.

우리는 흔히 냄새가 유대감 형성에 미치는 영향은 간과하곤 한다. 그러나 유아의 후각기는 임신 17주부터 발달하는 신생아의 중요한 감각 기관이다. 그런 만큼 유아는 출생 직후부터 후각이 아주 예민하며, 그 때문에 엄마의 고유한 화학적 기호도 감지할 수 있다. 그런데 안타깝게도 어른들은 아주 고약하고 강렬한 냄새로 유아의 후각을 자극함으로써 냄새를 통해 유대감을 형성할 수 있는 기회를 차단하고 있는 것이다. 따라서 갓난아기를 마사지해 줄 때는 향이 없는 오일을 사용하는 것이 바람직하다.

마사지 기법과 힘의 세기

아기마사지는 마사지 치료사가 시술하는 성인 마사지처럼 전문적인 기법과는 달라서 그다지 힘이 들지는 않는다. 아기마사지는 부드럽고 온화하게, 한결같은 사랑으로 아기의 몸에 말을 거는 행위이다. 그런데 아기의 근육은 많은 긴장을 이겨낼 만큼 발달되어 있지 않다. 유아의 몸은 너무나 연약하므로 부드러운 손길로 지속적으로 쓰다듬어 줄 때 내장 기능을 조화롭고 원활하게 발달시킬 수 있는 자극이 된다.

그러므로 갓 태어난 아기에게 처음 마사지를 해줄 때는 아주 부드럽게 해야 하며, 아기가 점차 성장하게 되면, 마사지하는 손에 조금씩 힘을 더 주어야 한다. 여러분의 힘이 너무 센 것은 아닌지 염려할 필요는 없다. 아이는 사랑과 자신감이 실린 그 힘으로 마사지를 해주는 부모의 손길을 좋아할 것이다.

손동작 하나하나마다 편안함을 주되, 어느 정도 자극을 느낄 수 있을 만큼 길고 천천히 규칙적으로 해야 한다. 간지럽게 여길 정도로 힘없이 설렁설렁하거나, 지나치게 힘을 주어 아플 정도로 세게 누르지 않도록 주의해야 한다.

아기마사지는 부드러우면서도 어느 정도 힘을 실어 여러분의 손 전체로 아기의 몸을 주물러주고 체내 순환 기능을 촉진시키며, 힘있고, 능력 있는 보호자가 자신을 보살펴준다는 사실을 아기에게 알려주는 것이다.

〈접촉 연구소〉의 티파니 필드 박사는 이렇게 지적한다.

"우리들이 보기엔 더없이 연약해 보이는 갓 태어난 아기일지라도, 심지어 미숙아조차도 마사지의 효과를 얻으려면 어느 정도의 힘을 주어야 한다. 실제로 아기마사지에 관한 문헌을 조사한 결과, 약하게 마사지해 준 유아들은 체중이 늘지 않은 반면, 힘찬 마사지를 받은 아이들은 체중이 늘었다"

더욱이 부모와 아기가 함께 하는 아기마사지 강좌를 통해서도, 부드럽게 하라고 주의를 주기보다는 부드럽고 규칙적으로, 힘있게 아기를 쓰다듬어주도록 강조해야 한다는 사실을 알게 되었다. 대개 너무나 조심스럽게 한 나머지, 간지럼을 피우는 것처럼 힘없이 하는데, 이렇게 하면 오히려 아기들을 짜증스럽게 만든다. 유아들은 강하면서도, 따뜻하고 편안함을 주는 부모의 손길을 느끼고 싶어하기 때문이다.

7 유아마사지 법

삶이 고단하고 힘들어

내게 위안이 필요할 때

나는 가만 내 아기의 얼굴을 들여다본다

그리고 그곳에서 평화를 얻는다

마사 F. 크로우

마사지에 필요한 물건을 준비하고 편안한 장소를 선택했다면, 잠시 차분하게 앉아 먼저 여러분 자신의 긴장을 풀 수 있는 시간을 갖는 것이 좋다. 머리에서부터 시작하여 모든 근육을 최대한 이완시켜라. 머리에서 발끝까지 온몸이 이완되는 것을 느껴보아야 한다.

먼저 턱이 가슴에 닿도록 머리를 숙인다. 목을 쭉 펴서 최대한 큰 원을 그릴 수 있도록 서서히 시계 방향으로 머리를 돌렸다가 다시 반대 방향으로 돌린다. 그러면 목과 어깨 근육에 탄력이 생기고 이완되는 것을 느끼게 될 것이다. 이제 여러분의 어깨를 귀 쪽으로 한껏 들어올린다. 천천히 아래로 내리기를 몇 번 반복한다. 어깨를 앞뒤로 돌렸다 흔들며 상체와 팔의 긴장을 풀고 정신을 집중시킨다.

몸의 긴장을 풀고 깊이 호흡하라

마음의 평정을 이루려면 서서히, 깊이, 규칙적으로 호흡해야 한다. 특히 아기를 마사지 할 때는 폐에서 배 끝까지 공기가 가득 차도록 깊이, 그리고 천천히 호흡한 다음, 완전히 내쉬어야 한다. 이따금 숨쉬는 소리가 크게 들릴 정도로 코로 들이마시고 입으로 내쉬면서, 의식적으로 몸을 이완시키도록 노력하라. 그러면 그것을 느낀 아기도 마침내 몸을 이완시키는 호흡법을 흉내내기 시작할 것이다.

또 하나, 아기의 옷을 벗기고 마사지를 시작하기 전에, 여러분의 자세를 바로 잡아야 한다. 책상다리로 바닥에 앉을 때는 여러분 앞쪽으로 최대한 가까운 곳에 아기를 누인다.

이는 높낮이를 조절할 수 있는 마사지대를 이용하여 앉거나 서 있을 때, 또는 침대에 앉을 때도 마찬가지다. 그런 다음 머리에서 발끝까지 완전히 긴장을 푼 뒤 배를 한껏 부풀려 최대한 많은 공기를 들이마실 수 있도록 깊이 호흡한다.

서서히 숨을 내쉬면서 "나는 지금 긴장을 내보내고 있다. 내 몸이 이완되었다."고 말한다. 그러면 여러분의 몸에서 긴장과 걱정이 흔적도 없이 사라진 것을 느낄 것이다. 이쯤 되면 자신감을 얻고 정신이 집중될 것이다.

두 번째 호흡을 할 때는 숨을 깊이 들이마신 후 천천히 내쉬면서, "나는 모든 잡념을 버리고 아기에게만 정신을 집중시키고 있다."고 자신 있게 말한다.

그러면 파란 하늘을 마음대로 날아다니는 새처럼 여러분의 모든 걱정도 사라질 것이다. 이제는 오롯이 여러분과 아이만 남아 있다. 다시 말해 부모와 아기 단 둘만의 소중한 시간을 보낼 수 있게 된 것이다.

다시 한 번 숨을 깊이 들이마시고 서서히 내쉬면서, 자신에게 이렇게 확신시킨다. "나는 내 손으로 아기와 교감을 나누는 온유한 사랑의 전달자이다."아기에게서 느껴지는 그 모든 사랑을 여러분의 가슴 한가운데에서 활활 타오르는 태양이라고 상상해 보라. 이제 마사지를 시작하면 심장이 한 번 뛸 때마다, 여러분의 가슴속에서도 따뜻한 햇빛과 같은 사랑이 여러분의 팔과 손을 통해 아기에게 전달될 것이다.

온화한 말과 미소, 부드러운 손길로 아기를 맞이함으로써 이제 마사지를 시작한다는 신호를 알려주어라.

시작신호를 보내고 아기의 의사를 존중하라

긴장을 풀고 정신을 집중하여 모든 준비를 끝마친 다음, 아기의 옷을 벗기고 여러분이 착용하고 있는 모든 장신구(특히 흔들거려서 정신을 산만하게 할 수 있는 반지, 팔찌, 목걸이 따위)를 벗어야 한다. 마사지를 처음 시작할 때는 대개 다리 마사지를 하게 되는데, 이때는 아랫도리만 벗겨도 좋다. 기저귀를 벗긴 다음, 배 아래를 얇은 천이나 기저귀로 덮어주면 뜻밖의 오줌 세례도 피할 수 있다.

마사지 횟수가 점점 많아질수록, 더 많은 신체 부위를 마사지해 줄 수 있다. 부분 마사지를 서너 번쯤 하고 나면 아기는 전신 마사지를 자연스럽게 받아들일 것이다. 또한 여러분도 그간의 경험을 통해 아기가 어느 정도의 마사지를 원하는지, 좋아하는 마사지는 어떤 것인지 파악할 수 있게 된다.

아기의 옷을 벗길 때, 마사지할 시간이라는 것을 아기에게 말해줌으로써, 이제 곧 시작할 것이라는 특별한 '신호' 를 보낸다. 이를테면 이런 식이다. 여러분 손바닥에 마사지 오일을 따른다. 두 손바닥을 비벼 오일을 따뜻하게 하면서 아기에게 "마사지할 시간이다. "라고 말해 준다.

그러면 아기는 오일을 비비는 소리를 들으면서 마사지라는 소리에 귀를 기울일 것이다. 아기에게 여러분의 손바닥을 보여주며, "자 이제 마사지를 해도 되겠니?"라고 말한다. 물론 처음에는 아기가 그 말을 알아들을 리 없다. 그러나 점차 횟수가 많아지고 경험이 쌓이면, 그 말이 곧 아기의 반응을 유도할 수 있는 신호가 될 것이다.

그렇다면 아기가 싫다고 거부하는 것을 어떻게 알 수 있을까? 이럴 때 아기들은 대개 두 손을 들어 방어 자세를 취하거나, 머리를 옆으로 돌리거나, 발버둥을 치면서 짜증을 부린다. 또는 딸꾹질을 하거나 팔을 휘두르거나 눈동자의 움직임이 매우 빨라진다.

아기가 이렇게 싫다는 의사 표시를 할 경우에는, 실내 온도를 좀더 따뜻하게 조절하거나 담요로 아기를 덮어주도록 한다. 또 아기를 여러분 쪽으로 더 가깝게 데려와 완전히 긴장을 풀 수 있도록 다리 위에 손을 얹어 따뜻하게 해준다(이것이 바로 제 5장에서 설명했던 '손 올려놓기' 이다).

그런 다음 다시 아기의 의사를 확인한다. 아주 작은 변화로 좀더 편하게 해주면, 마사지를 거부하던 아기의 반응도 바뀔 것이다. 그렇지 않을 경우 여러분 자신의 몸을 더 이완시켜야 할 것이다. 실내를 더욱 따뜻하게 하고 아기가 안락함을 느낄 수 있도록 분위기를 조성할 방법을 생각해 보아라. 그래도 아기가 분명하게 싫다는 의사 표시를 할 경우에는, 무리하게 강행하지 말고 다음 기회로 미루는 것이 좋다.

만약 약간 짜증을 부리긴 해도 완강하게 거부하지 않을 때는, 서서히 마사지를 시작해 보아라. 그러면 짜증을 부리던 아이도 점차 진정이 되고 다리 마사지를 끝낼 무렵이면 아기도 마사지를 좋아하기 시작할 것이다. 이렇게 마사지에 익숙해지면, 아기의 짜증도 점점 줄어들게 된다.

이와 같은 준비 과정을 통해 몇 가지 중요한 목적을 성취하게 된다. 아기에게 새로운 경험이 시작된다는 사실을 알게 해주고, 아기가 준비

할 수 있도록 도와주는 것이다. 또한 여러분의 음성과 몸짓으로 아기를 존중해 주는 마음을 전달하는 것이다.

다시 말하면 마사지 동작에는 이런 말이 내포되어 있는 셈이다.

"너는 존중받을 자격이 있어. 너는 네 몸의 주인이므로, 이렇게 네 몸을 만질 때는 반드시 너의 허락을 먼저 받아야 하는 거야."

이와 같은 신체 접촉에 대한 초기 경험은 아이가 성장함에 따라 건전한 접촉과 불건전한 접촉의 차이를 깨닫는 데 큰 도움이 된다(제 12장 참조). 마사지를 시작하기 전에 신호를 보내어 아기의 의사를 존중해 주면 삶의 밑거름이 될 신뢰감과 상호 존중심을 배양하는 데 큰 도움이 된다.

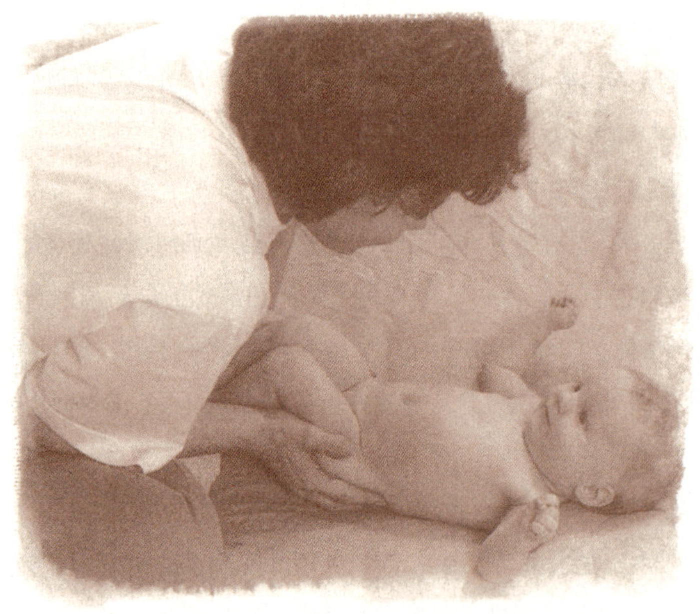

사랑의 교감

아기를 마사지할 때 여러분이 하는 모든 동작은 곧 사랑의 표현이다. 아기의 몸 곳곳을 쓰다듬고 어루만지며 여러분의 손길이 만들어내는 힘차면서도 부드러운 동작, 따스한 눈빛, 온화한 미소, 감미로운 목소리는 마사지 못지 않게 중요한 역할을 한다.

아이의 눈을 똑바로 바라보며, 마음을 활짝 열고 사랑을 교감하라. 긴장을 풀고, 아기의 피부를 부드럽게 쓰다듬으며 마사지를 시작하라. 힘있고 따뜻하며 편안한 손길을 통해 아기에게 전달되는 여러분의 사랑을 느껴보아라. 충분히 느껴질 때까지 한 동작을 서너 번씩 반복하라.

다리와 발을 마사지 해줄까?

다리와 발 마사지를 제일 먼저 하는 데는 여러 가지 이유가 있다. 유아가 세상과 교통할 때 가장 먼저 사용하는 신체 부위는 바로 발과 다리이다. 낯선 사람들을 처음 만날 때 아기들이 하는 행동을 한 번 생각해 보자.

대부분의 유아는 낯선 사람의 눈을 보기 전에, 자신의 발과 다리를 움직거리는데, 이는 낯선 사람과 신뢰감을 형성하기 위해 일종의 수화처럼 발로 대화를 시도하기 때문이다. 심지어 가까이 접근한 같은 또

래의 유아들끼리도 서로 발길질을 하면서 상대방의 의중을 떠본다.

한편 발과 다리는 유아의 신체 중에서 가장 둔감한 부분이기도 하다. 처음 마사지할 때 곧바로 민감한 신체 부위인 상체부터 시작하면, 아기는 긴장하고 두려워할지도 모른다.

그래서 본능적으로 팔과 다리를 오므릴 것이다. 결국 다리와 발을 먼저 시작하는 것은 아기에게 신뢰감을 형성하고 마사지를 받아들일 준비 시간을 주기 위함이다.

유아는 대부분 다리와 발 마사지를 가장 좋아한다. 따라서 다리 마사지를 먼저 시작하면 아기는 긴장을 쉽게 풀 수 있다.

만약 이런저런 이유로 병원에 입원했던 유아라면, 혈액 검사에 필요한 피를 뽑기 위해 간호사가 발뒤꿈치에 주사바늘을 꽂았을 것이다.

그럴 경우 바늘 자국이 완전히 없어진 이후에도 아기는 발뒤꿈치의 자극에 매우 민감한 반응을 보일지도 모른다.

따라서 이런 아기에게 발 마사지를 시작할 때 아기가 두려워하거나 불편한 기색을 보이면, 마사지 동작을 멈추고 손으로 부드럽게 감싸주어라. 아기가 접촉에 익숙해질 수 있도록 며칠 동안 감싸준 후, 마사지 동작을 다시 시작해 보라.

'위에서 아래로 쓸기' 와 '아래에서 위로 쓸기' * 은 발과 심장 사이의 혈액 순환을 원활하게 해준다. 또한 조이기, 비틀기, 돌리기는 다리의 긴장을 이완시켜 부드럽게 해준다. 한 쪽 다리 마사지를 완전히 끝낸 다음에 다른 쪽 마사지를 하라. 먼저 손 올려놓기를 하면서 아기의 다리에 신호를 보내는 것이 좋다.

이 두 마사지 용어의 영문 표현은 각각 Indian Milking과 Swedish Milking이다. 현재 유아마사지 분야에 종사하는 전문가들은 이를 각각 인디언 밀킹과 스위디쉬 밀킹 혹은 스웨덴 밀킹으로 영어를 그대로 음역해서 사용하고 있다. 그런데 인디언하면 자칫 우리가 흔히 알고 있는 아메리카 원주민으로 받아들일 오해의 소지가 크다. 그러나 여기서의 인디언은 India, 즉 인도의 형용사로서 '인도 (사람)의' 라는 뜻이다. 따라서 영문을 글자 그대로 옮기면 인도인의 방식대로 쓸어주기가 될 것이다. 또 한 가지 고려해 보아야 할 것은 이 글을 쓴 필자에게는 인도라는 특정한 나라를 통해 얻은 특별한 경험일 수 있지만, '유아마사지' 라고 일컫는 양육 방식은 비단 인도뿐만 아니라, 우리나라에서도 조상 대대로 물려받은 오래된 전통인 셈이다. 따라서 굳이 인도의 또는 인도식이라는 수식어를 붙일 필요가 없어 보인다. 한편 인디언 밀킹과 스위디쉬 밀킹은 마사지 방법과 부위는 똑같은데, 다만 마사지하는 방향이 서로 반대될 뿐이다. 다시 말하면 전자는 '위에서 아래로', 후자는 '아래에서 위로' 쓸어주는 것이다. 이러한 이유 때문에 이 글에서는 '인디언 밀킹' 을 '위에서 아래로 쓸기' 로, '스위디쉬 밀킹' 은 '아래에서 위로 쓸기' 로 각각 사용하였음을 밝혀둔다.

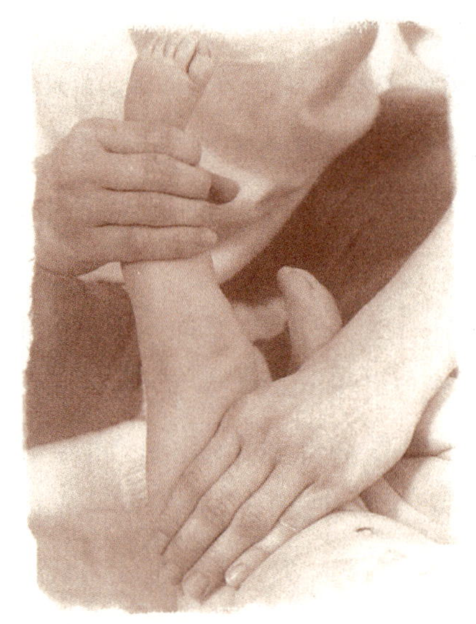

1. 위에서 아래로 쓸기

한 손으로 발목을 살짝 잡고, 다른 한 손의 엄지와 검지를 벌려 아기의 다리에 댄 다음 다리를 손으로 감싸 위에서 아래로 쓸어준다. 이때 손등 끝 부분이 아기의 엉덩이까지 올라가도록 해야 한다. 손바닥으로 앞쪽 허벅지에서 발목까지 쓸어준다. 여러분의 골반에 무게 중심을 두고 규칙적으로 손을 움직여야 한다. 주의할 점은 마사지 동작을 할 때 아기의 몸이 위로 들리지 않도록 손끝으로 아기의 골반을 지긋이 눌러주어야 한다.

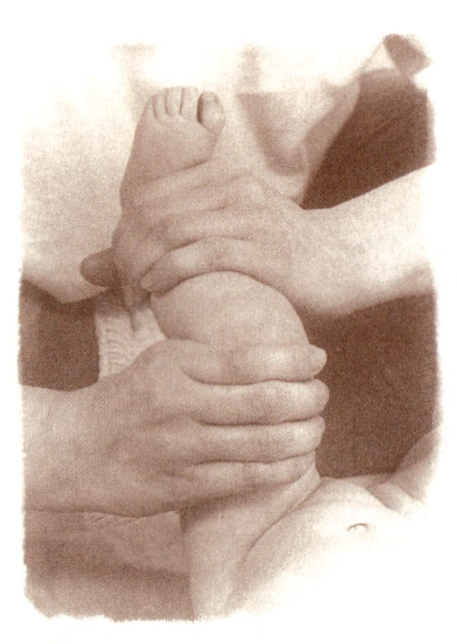

2. 조이기와 비틀기

엄지와 검지를 벌려 아기의 다리를 잡은 다음 위로 들어올린다. 이때 무릎 관절이 비틀리지 않도록 두 손을 모아 다리를 꼭 감싸쥔다. 가볍게 조이면서 허벅지에서 발목까지 여러 차례 쓸어준다. 이 동작은 다리 근육을 자극함으로써 다리의 긴장을 풀어준다.

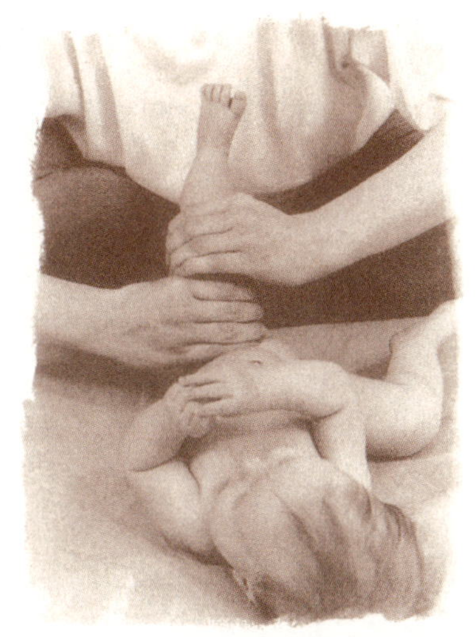

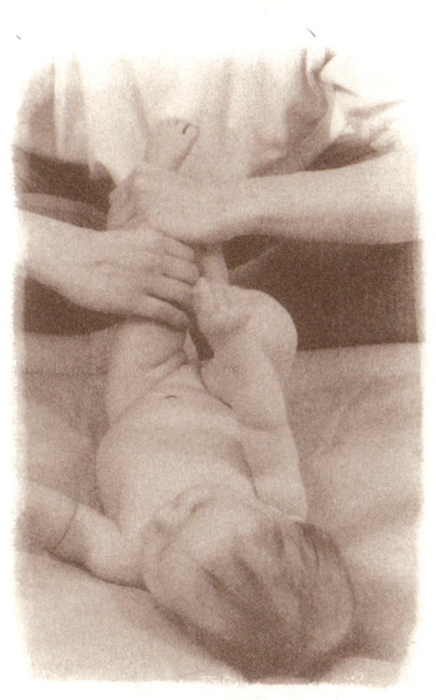

3. 엄지손가락 교차 쓸기

두 엄지손가락을 번갈아 가며 발꿈치에서 발가락까지 쓸어준다.

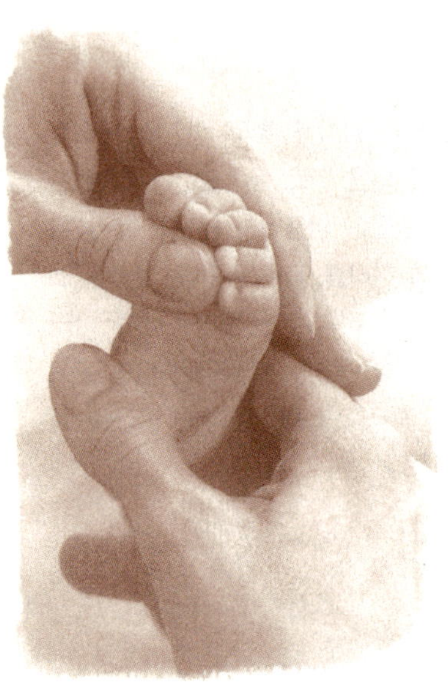

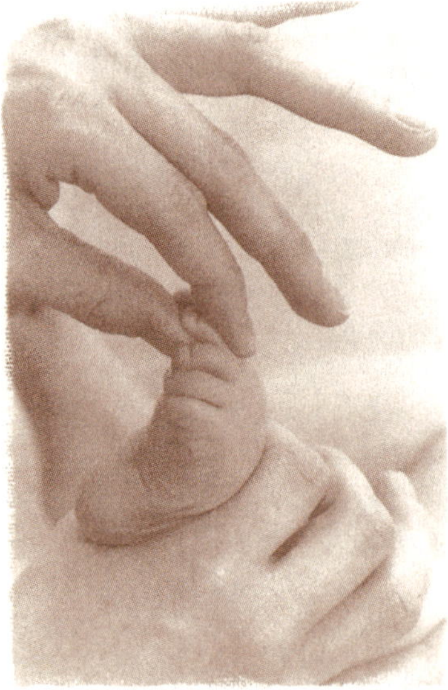

4. 발가락 조이기

발가락을 하나씩 조이면서 돌려준다.

사람의 발에는 각각 72개의 말초 신경이 있다. 발 마사지 효과에 대한 이론들은 하나같이 발끝과 다른 신체 부위가 연결되어 있다는 사실에 역점을 두고 있다. 한편 환경적 스트레스는 신체적 불균형을 유발함으로써 감기, 독감, 중이염 등과 같은 질병의 원인이 되기도 한다.

발 마사지 전문가들은 이렇게 신체의 균형이 깨짐으로써 요산과 칼슘 과다 등의 부작용이 생기며, 그 징후로, 발끝에 있는 말초 신경들이 딱딱하게 굳어지면서 체내 에너지의 순환을 차단시킬 수 있다고 지적한다. 그러나 발 마사지를 하면 과다 칼슘과 요산을 분해하여 이동시켜 혈액과 임파에 흡수되어 체외로 배출시키는 작용을 한다고 한다.

5. 발가락 밑 누르기

엄지손가락으로 발꿈치를 살짝 누르고, 검지손가락으로 발가락 바로 밑 부분을 눌러준다.

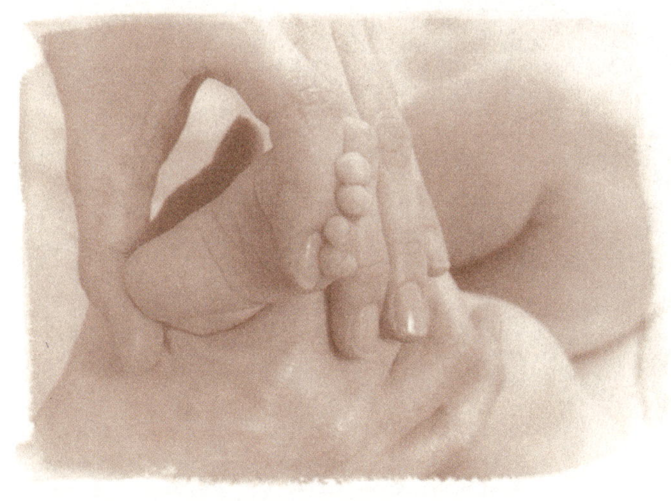

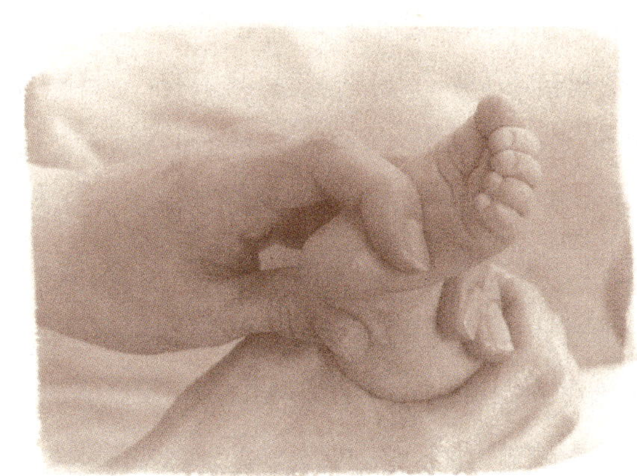

6. 발꿈치 누르기

검지손가락으로 발꿈치 부위를 가볍게 눌러준다.

7. 발바닥 누르기

양 엄지손가락으로 발바닥 전체를 눌러준다.

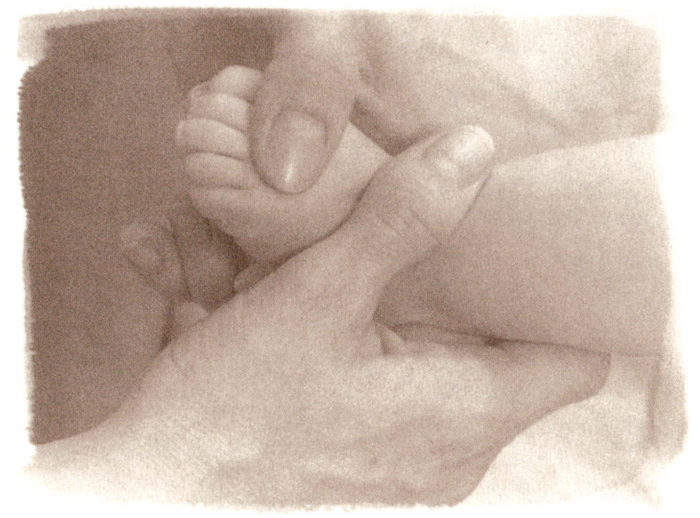

8. 발등 누르기

엄지손가락을 번갈아 가며 발끝에서부터 발목까지 가볍게 눌러준다.

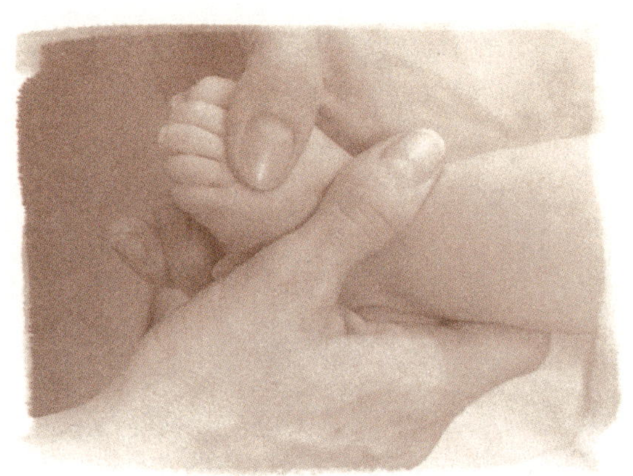

9. 발목에 원 그리기

엄지손가락으로 작은 원을 그리듯 발목 전체를 눌러준다.

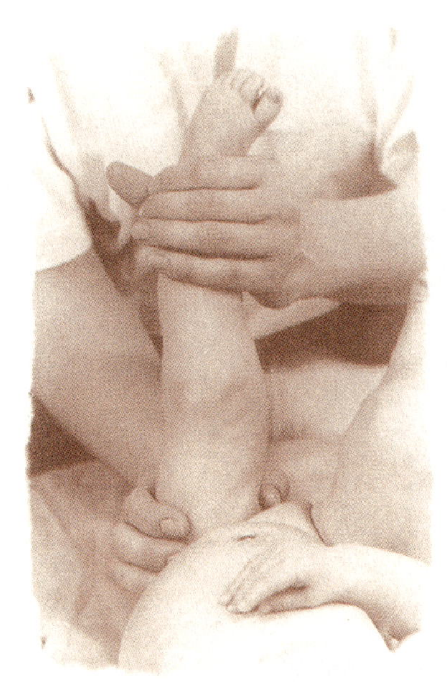

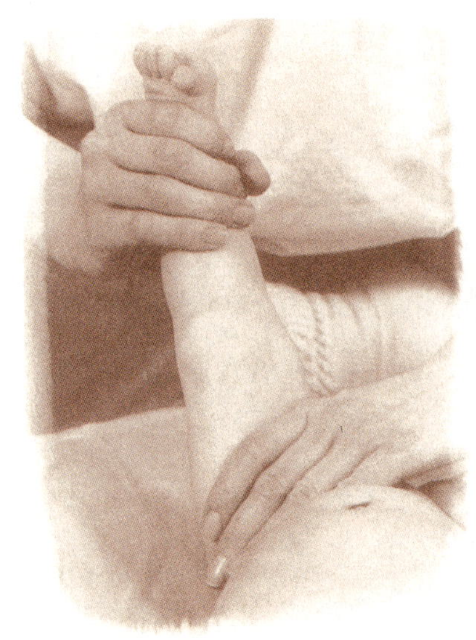

10. 아래에서 위로 쓸기

발목을 꼭 잡고 한 손으로 발목에서 엉덩이까지 다리 아래쪽을 쓸어 준 다음, 손을 바꿔 다리 위쪽을 쓸어준다. 이때 아기의 몸이 바닥에서 떨어지지 않도록 주의해야 한다.

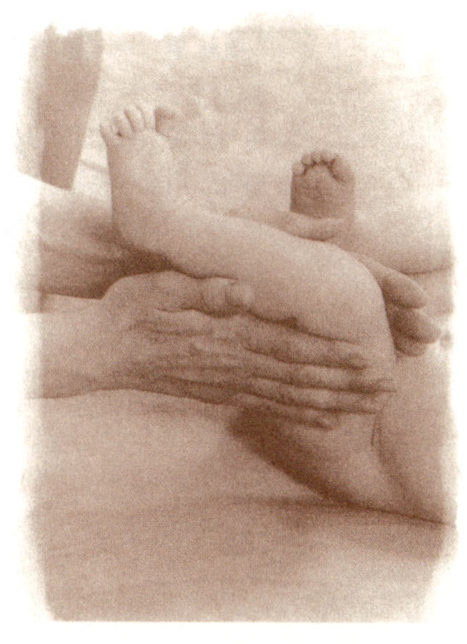

11. 돌리기

두 손을 펴서 다리를 잡고 허벅지에서 발목까지 돌려준다. 대부분의 유아들이 매우 좋아하는 방법이다.

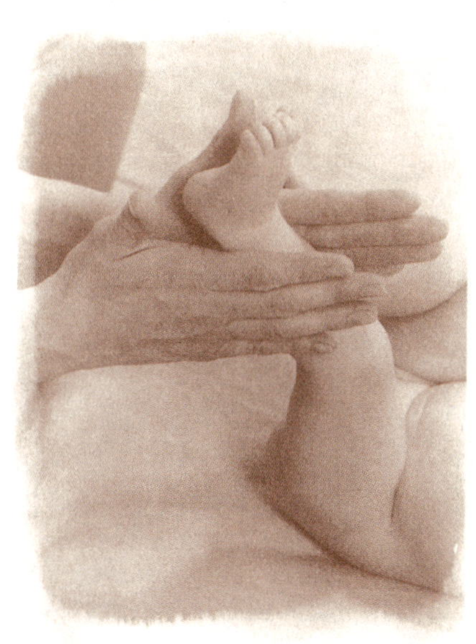

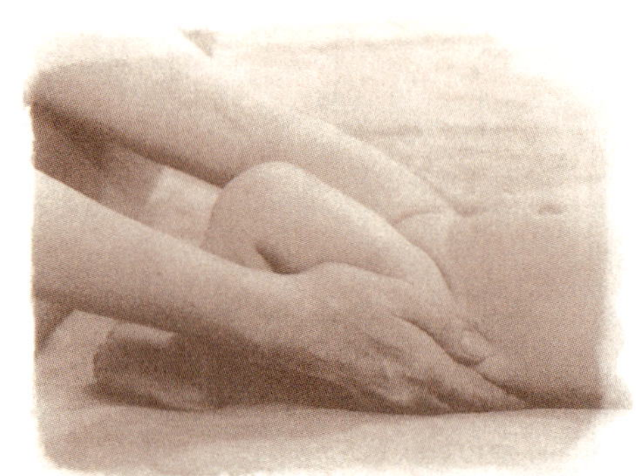

12. 엉덩이 쓸기

다리와 발 마사지를 모두 끝낸 뒤, 작은 원을 그리며 두 손으로 엉덩이를 쓸어준 다음, 다시 다리에서 발까지 쓸어주며 가볍게 흔들어준다.

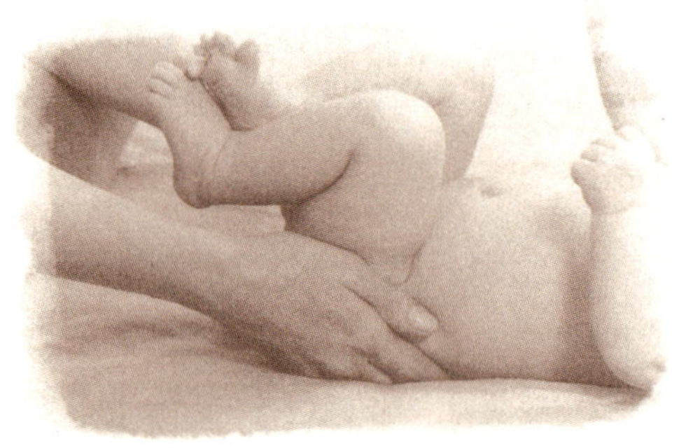

13. 다리와 몸통의 통합

두 손으로 엉덩이에서 발까지 쓸어내린다. 이것은 다리와 몸통을 통합시키는 동작으로, 아기에게 상체 마사지를 시작하겠다는 것을 알려주는 동작이다.

배 마사지 해줄까?

배를 살살 문질러주면 아기의 장 기능을 원활하게 촉진시킴으로써 가스를 쉽게 배출시키고 변비를 예방하는 데 도움이 된다. 참고로 배 마사지 동작은 대부분 아기의 왼쪽 하복부에서 끝난다(마사지를 해주는 사람의 오른쪽). 이곳이 바로 배설 기관이 있는 부분이기 때문이다. 그런데 배 마사지의 목적이 가스와 장내 노폐물을 대장으로 이동시키는 것인 만큼 항상 가슴부터 아랫배까지 시계 방향으로 둥글게 원을 그리듯이 쓸어 내려야 한다. 배앓이를 하는 아이를 마사지하는 방법은 제 9장에서 설명할 것이다.

1. 손 올려놓기

먼저 배를 어루만져준 다음, 묵직하면서도 따뜻하고 편안한 느낌이 들도록 여러분의 손을 배 위에 올려놓으면서 아기에게 배 마사지를 시작하겠다는 신호를 보낸다.

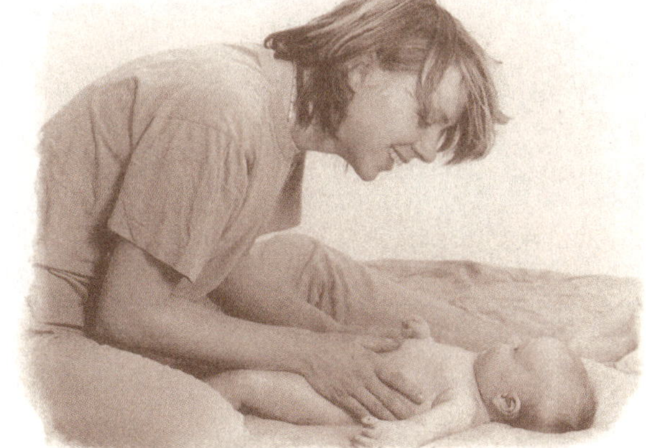

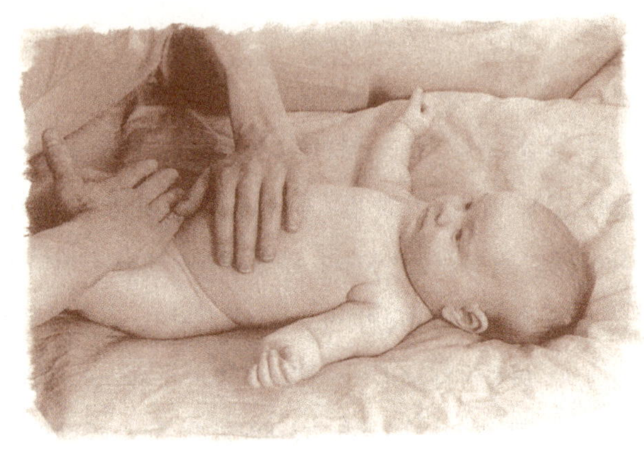

2. 물레방아 돌리기 1단계

물레방아 날개가 돌아가듯이 아기의 배를 두 손을 번갈아 가며 쓸어 내린다. 이것은 백사장에서 손으로 모래를 그러모으는 것과 비슷하다. 다만 손바닥을 배에 맞댄 상태에서 손끝이 아니라 전체로 쓸어내려야 하며, 여섯 번 반복한다.

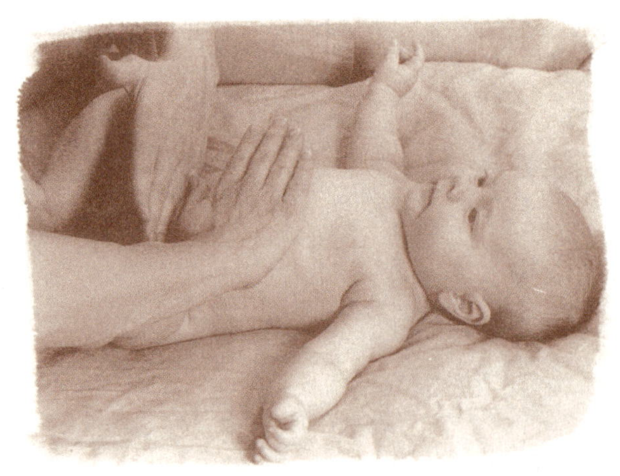

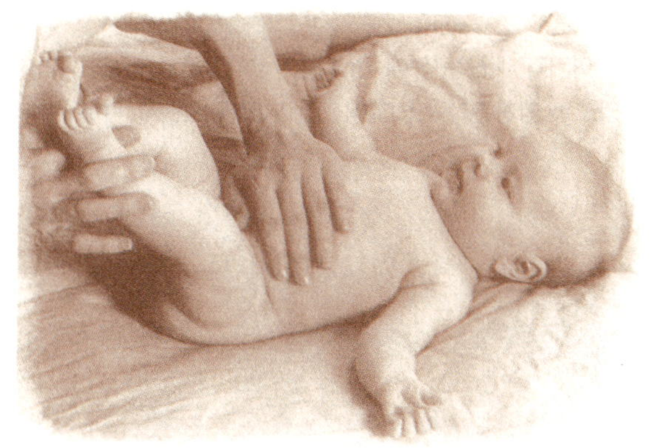

3. 물레방아 돌리기 2단계

한 손으로 아기의 두 발목을 살짝 잡고 위로 들어올린다. 아기의 몸을 여러분과 가까운 곳에 두되, 엉덩이가 바닥에서 떨어지지 않도록 한다. 또한 몸이 들려서도 안 된다. 다른 한 손으로는 물레방아의 날개가 돌아가듯 아기의 배를 쓸어 내린다. 이 동작은 배 주위의 근육을 이완시키는 데 효과가 있으며, 다른 신체 부위에도 적용할 수 있다. 다리를 들어올리는 또 다른 방법은 아기의 왼쪽 다리 밑으로 여러분의 오른손을 넣고 아기의 오른쪽 다리를 잡는 것이다. 이렇게 하면 오른손으로 아기의 두 다리를 단단히 고정시킬 수 있다. 그리고 왼손으로 배를 쓸어 내린다(오른손잡이는 반대로 하면 된다).

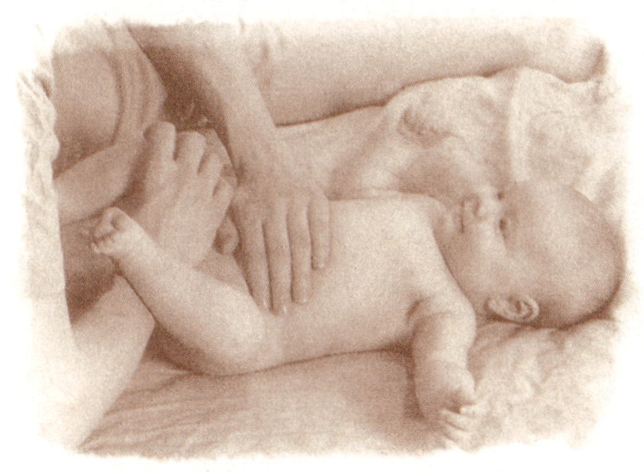

4. 양옆으로 쓸어주기

두 엄지손가락을 쭉 펴서 아기의 배꼽 부분에 댄 다음, 양쪽으로 쓸어 내린다. 이 때 아기의 배를 찌르지 않도록 엄지손가락을 일직선이 되도록 완전히 펴야 한다.

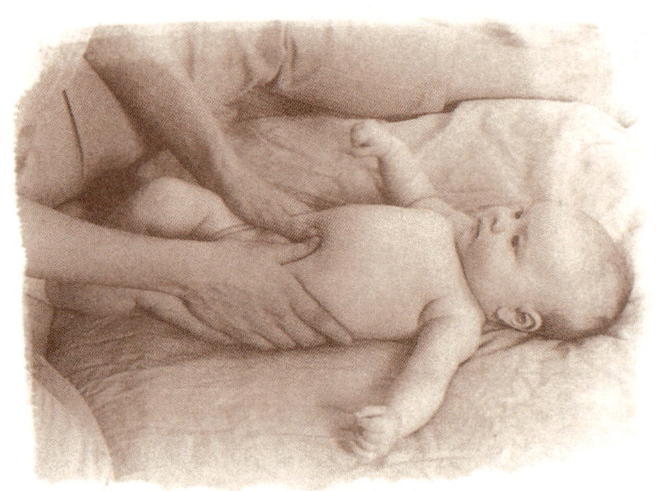

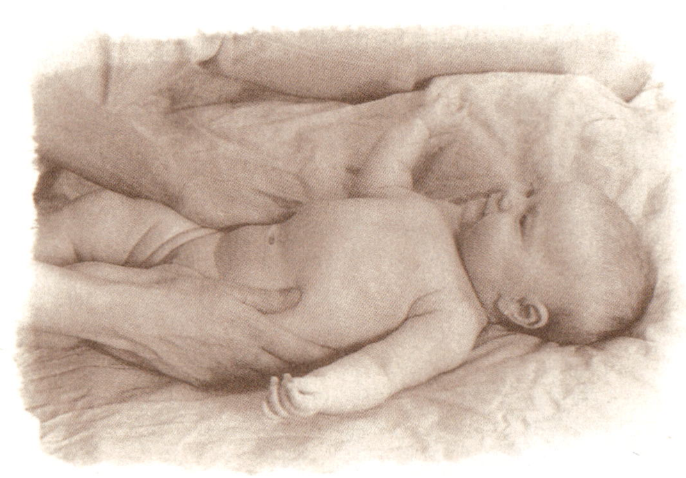

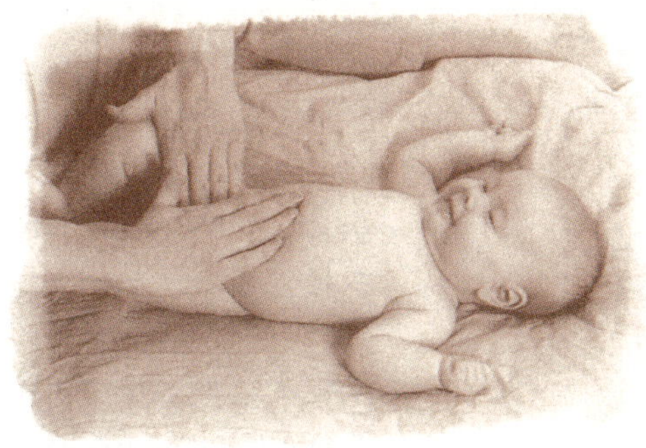

5. 해와 달 만들기

왼쪽(7시 방향)에서 시계 방향으로, 큰 원을 그리며 왼손을 돌린다. 이 왼손이 배의 아래쪽으로 올 때, 가슴 바로 밑 부분에 오른손으로 반달을 그린다. 다시 말하면 아기의 오른쪽에서 왼쪽으로 모양을 그리면 된다.

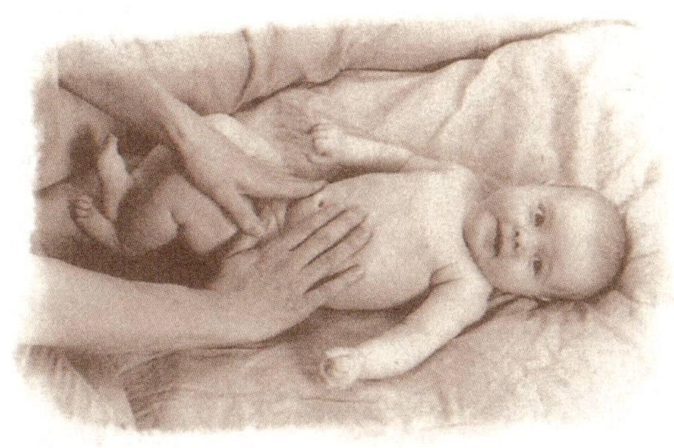

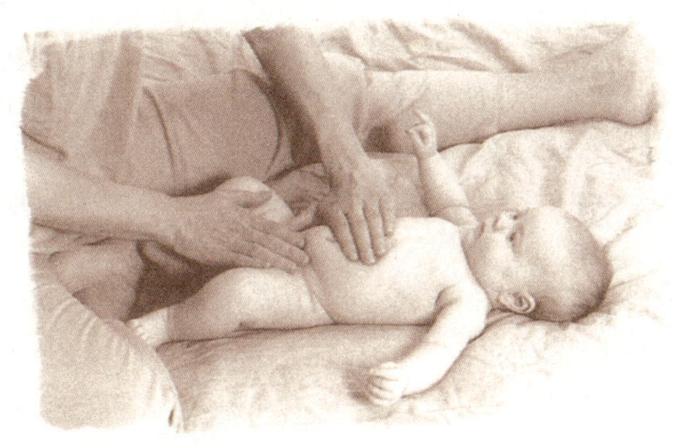

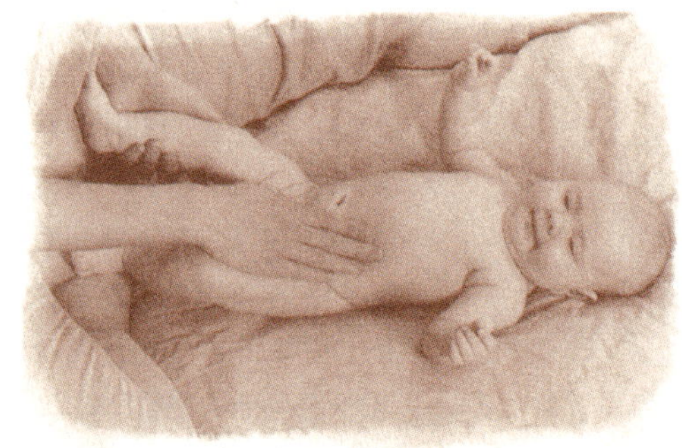

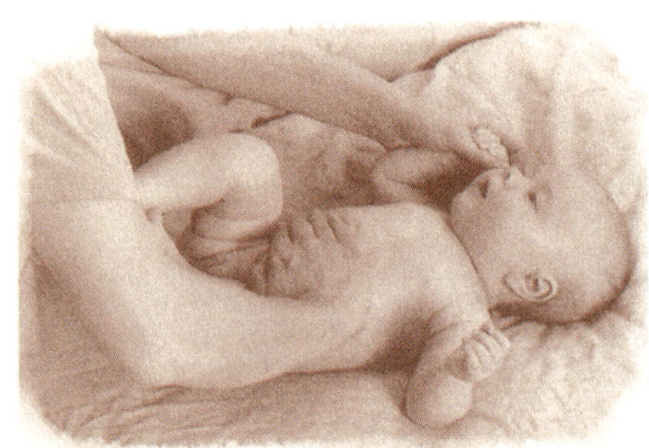

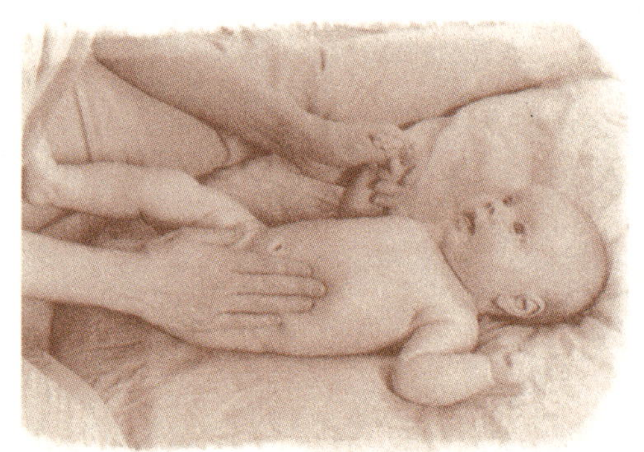

6. I Love You마사지

이 방법으로 마사지 동작을 할 때는, 고음으로 부드럽게 아이 러브 유(사랑해!)라고 말한다. 그러면 아기가 무척 좋아할 것이다!

1단계 : 오른손으로 아기의 배 왼쪽 부분에 'I' 자를 쓰듯이 쓸어 내린다. 이때 손가락을 모아 지긋이 힘을 주고 명치 부분에서 아래쪽을 향해 일직선으로 쓸어 내려야 한다(손동작과 함께 아이이~라고 모음을 길게 하여 말한다).

2단계 : L자를 거꾸로 쓰고, 다시 옆으로 돌려 왼쪽에서 오른쪽으로 쓴 다음, 거기에서 다시 아래로 쓴다(손동작과 함께 '러어~브' 라고 말하며, 역시 모음을 길게 소리낸다).

3단계 : 왼쪽에서 오른쪽으로 가면서 U자를 거꾸로 쓰며, 명치 부분까지 쓸어 올린다(손동작과 함께, '유우~' 라고 길게 발음한다).

가슴 마사지해줄까?

가슴 마사지는 폐와 심장의 기능을 촉진시키는 효과가 있다. 아기가 편안하게 숨을 쉬며, 가슴 가득 사랑이 넘친다고 상상해 보라. 먼저 손 올려놓기로 아기의 가슴을 따뜻하게 만져준다.

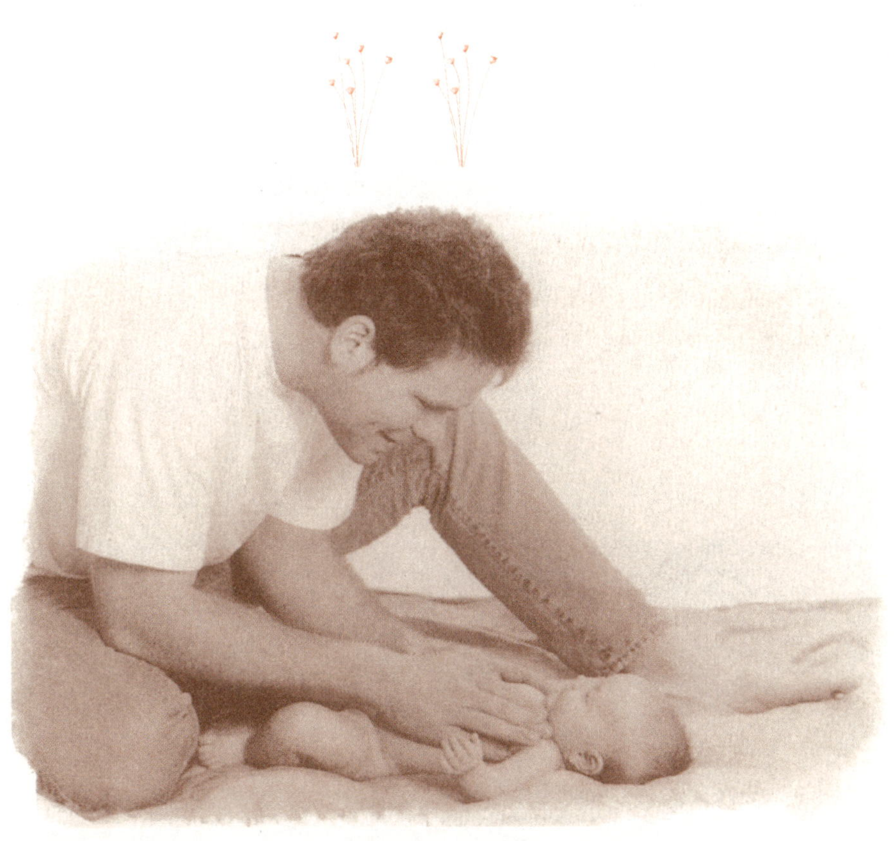

1. 하트 모양 마사지

두 손을 붙여 아기의 가슴 한가운데 대고 마치 책을 펼치는 것처럼, 양쪽으로 쓰다듬어 준다. 손바닥을 아기의 몸에 꼭 붙이고 마치 하트 모양을 그리듯이 아래로 둥글게 쓸어 내렸다 다시 가운데로 쓸어 올린다. 이때 가슴 한가운데서 바깥쪽으로 힘주어 쓸어 내리되, 손바닥이 아기의 몸에서 떨어지지 않도록 한다.

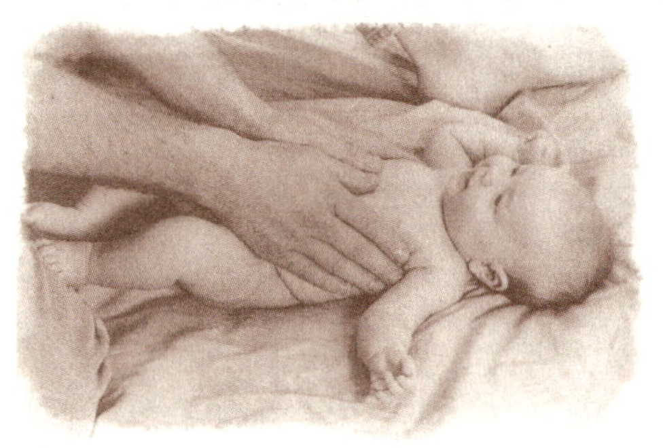

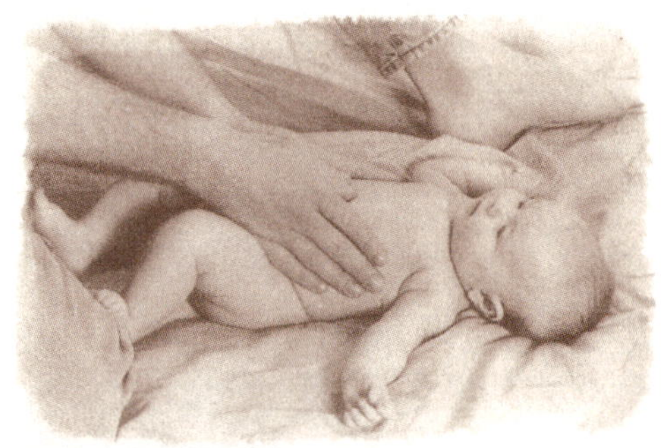

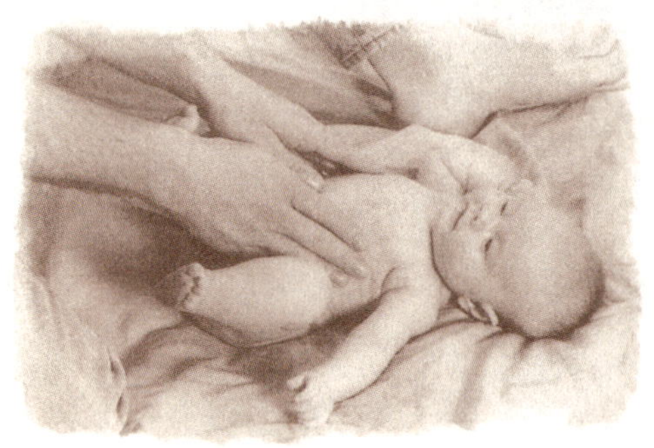

2. 나비 자세

이 마사지 동작을 할 때는, 먼저 아기의 가슴에 두 손을 쫙 펴서 올려놓는다. 오른손으로 가슴의 대각선 방향으로 가로질러 아기의 오른쪽 어깨까지 쓸어준다. 그런 다음 어깨를 살짝 잡아당겨 주고, 다시 대각선 방향으로 손을 가슴으로 이동시킨다. 단, 손톱으로 아기의 볼을 할퀴지 않도록 주의한다.

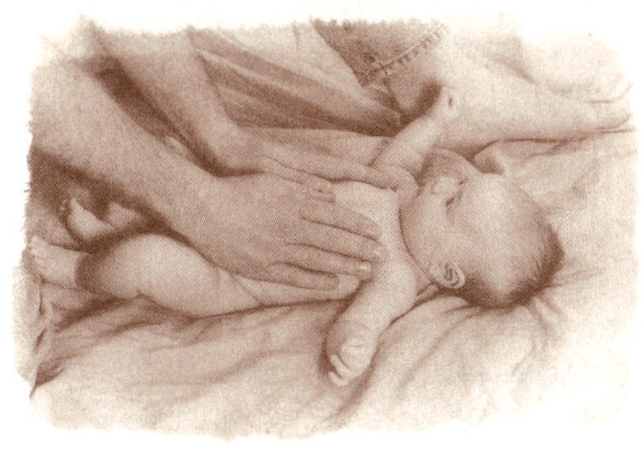

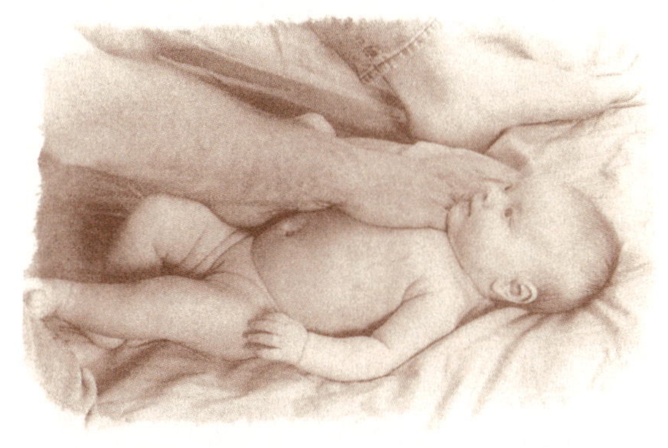

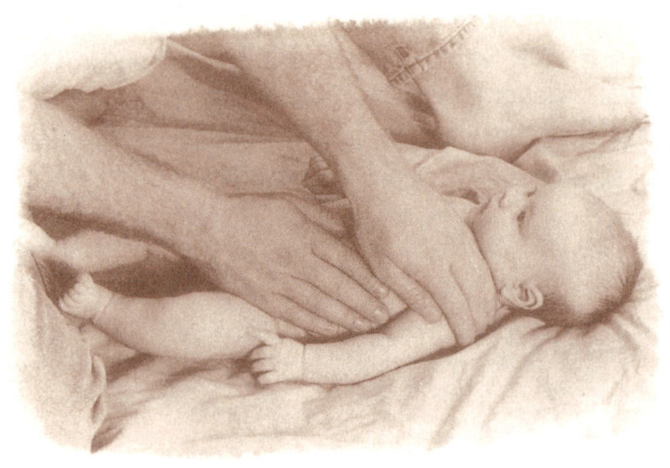

다음, 왼손으로 가슴의 대각선 방향을 가로질러 아기의 왼쪽 어깨까지 쓸어준 다음, 오른손과 똑같은 동작을 반복한다. 이렇게 오른손과 왼손을 번갈아 가며 가슴을 가로질러 쓸어 준다. 가슴에서 어깨로 움직일 때는 힘이 많이 주고, 되돌아올 때는 약간 힘을 뺀다. 주의할 것은 무게 중심을 여러분의 엉덩이에 두어야 하며, 팔과 손은 긴장을 완전히 풀고 따뜻해야 한다.

3. 통합 마무리 단계

지금까지 했던 모든 마사지 동작을 통합하여, 가슴에서, 배, 발끝까지 두 손으로 쓸어 내린다.

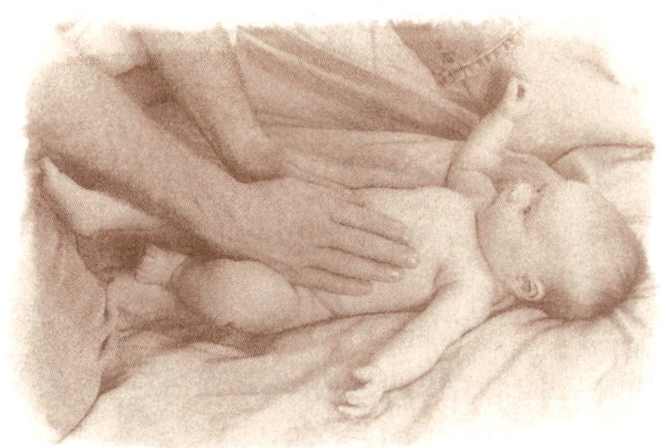

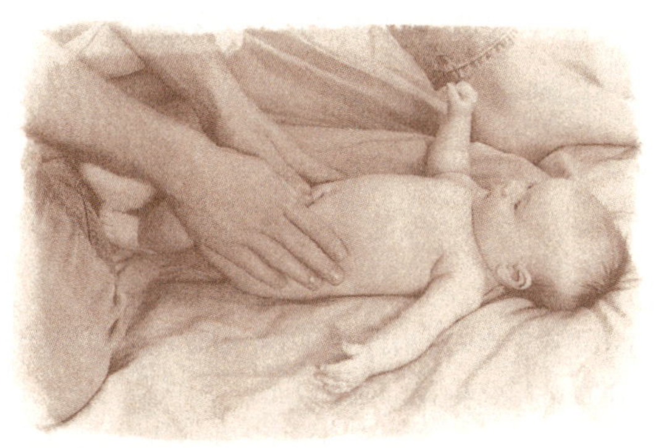

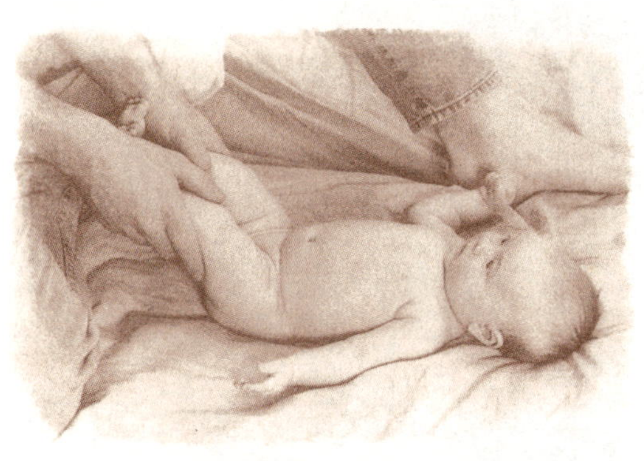

팔과 손을 마사지해줄까?

팔 마사지를 할 때는 아래에서 위로 쓸기와 위에서 아래로 쓸기의 약점을 상호 보완해 주는 동작이 두드러지게 나타난다.

본래 위에서 아래로 쓸기는 여러분의 손끝을 통해 몸의 긴장과 스트레스를 몸밖으로 배출한다고 상상하며, 어깨부터 팔목까지 팔 전체를 쓸어 내리는 것이다. 이와는 정반대로, 아래에서 위로 쓸기는 팔목부터 시작하여 어깨까지 심장 부위를 향해 쓸어 올리는 방법이다. 따라서 균형 잡힌 발달과 에너지 발산을 돕는 위에서 아래로 쓸기와 근육 이완에 좋은 아래에서 위로 쓸기를 결합시킴으로써 혈액과 임파의 순환을 촉진시킬 수 있다.

1. 손 올려놓기

먼저 따뜻한 손으로 가볍게 아기의 팔에 손을 올려놓으면서 시작하겠다는 신호를 보내고 아기의 의사를 타진한다.

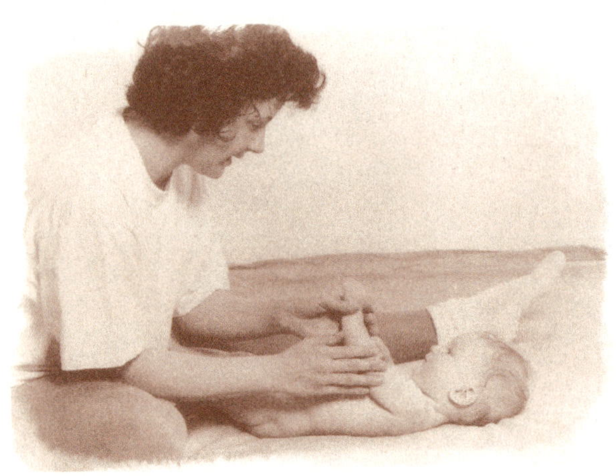

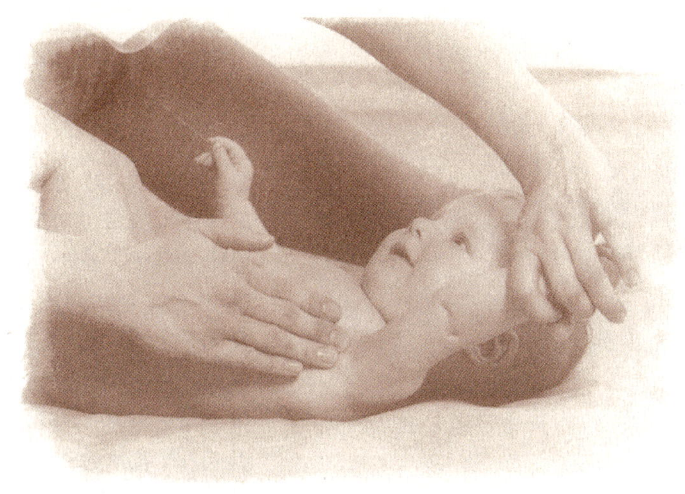

2.겨드랑이 마사지

겨드랑이를 3~4회 쓸면서 이부위에 있는 임파선을 마사지해 준다.

팔 마사지를 할라치면, 어떤 아기들은 저항하며 자신을 보호하려는 듯 팔을 가슴 쪽으로 오므린다. 이럴 때는 팔을 억지로 펴지 말고 오므린 자세에서 자연스럽게 쓸어주는 것이 좋다. 다시 말해 자기 자신을 보호하려는 아기의 뜻을 존중해주는 것처럼, 포근하게 안아주는 자세로 팔을 마사지해 주어야 한다. 아기가 점차 편안함과 보호받는다는 생각을 하면, 마사지해 주려는 여러분에게 스스로 팔을 내밀 것이다.

아래의 사진은 팔을 꽉 오므리고 있을 때 위에서 아래로 쓸기를 하는 모습을 찍은 것이다. 아기가 자기를 보호하려는 자세를 취하고 있는 상태에서 마사지를 함으로써, 엄마는 아기의 의사를 존중해주고 있는 것이다. 그러면 대개 아기는 스스로 팔을 펴기 시작한다.

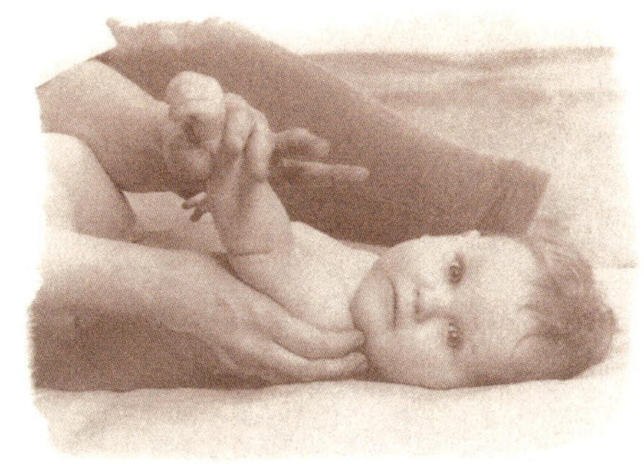

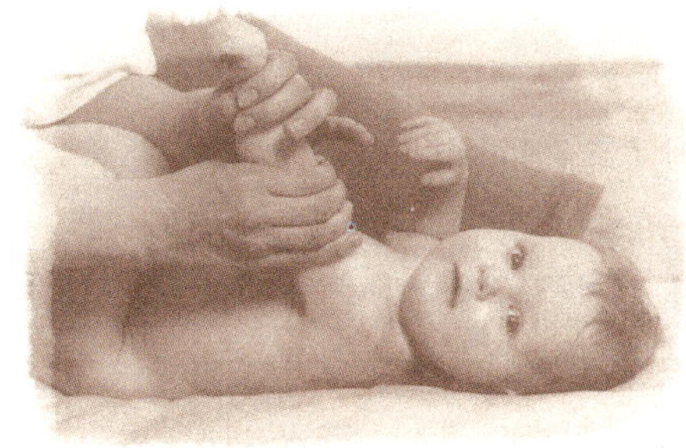

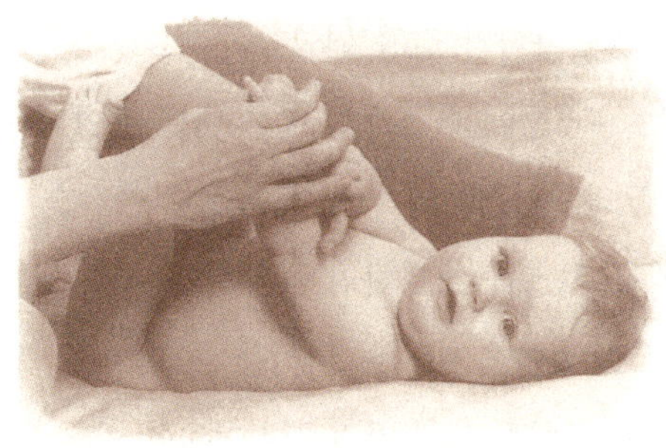

3. 위에서 아래로 쓸기

한 손으로 아기의 손목을 잡고, 다른 손으로 아기의 어깨에서 손목까지 쓸어 내린다. 한 번 쓸어 내린 다음 두 손을 바꾸어 다시 실시한다. 이때 엄지손가락과 검지손가락이 여러분 쪽으로 향하게 하여 아기의 팔을 손으로 꼭 움켜쥐고 쓸어 내려야 한다. 아주 어렸을 때는 손가락 서너 개로 마사지를 시작하여 조금 더 자라면 따뜻한 손으로 완전히 감싸며 쓸어주는 것이 좋다. 또한 아기의 팔을 너무 세게 잡아당겨 바닥에서 아기의 어깨가 들리지 않도록 주의해야 한다.

4. 조이기와 비틀기

두 손으로 아기의 팔을 꼭 잡고, 아기의 팔꿈치 관절이 돌아가지 않도록 주의하며 살짝 비틀어준다. 이 동작은 팔 근육을 이완시키는 효과가 있다.

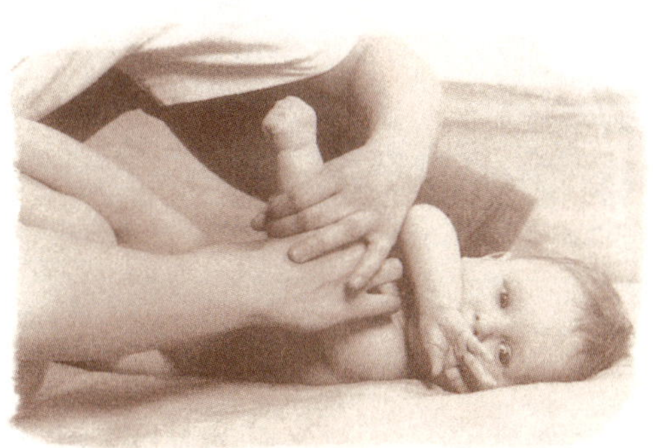

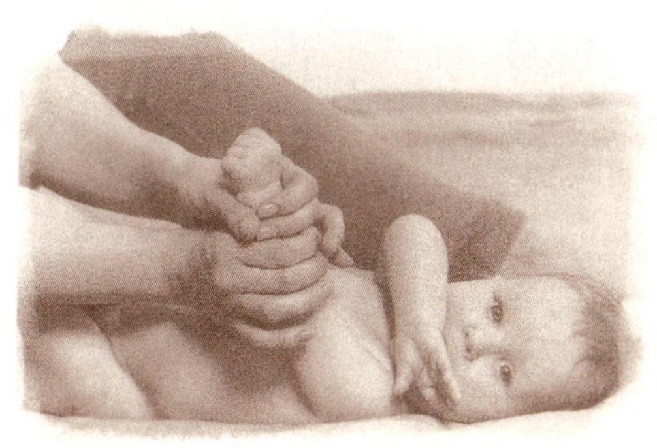

5. 손가락 돌리기

여러분의 엄지손가락으로 아기의 손을 쫙 편 다음, 엄지손가락과 검지손가락으로 아기의 손가락을 잡고 살살 돌려준다.

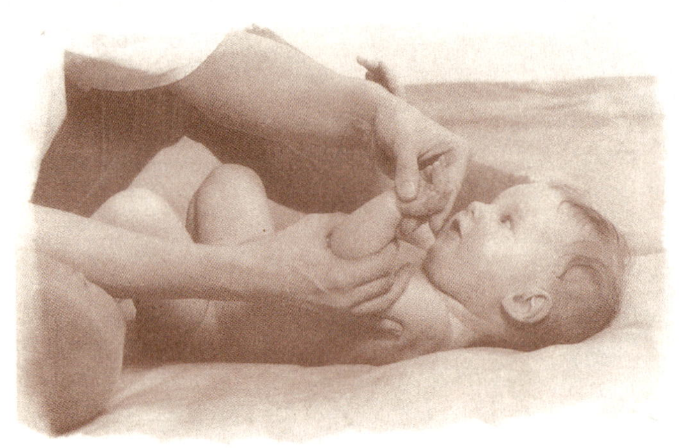

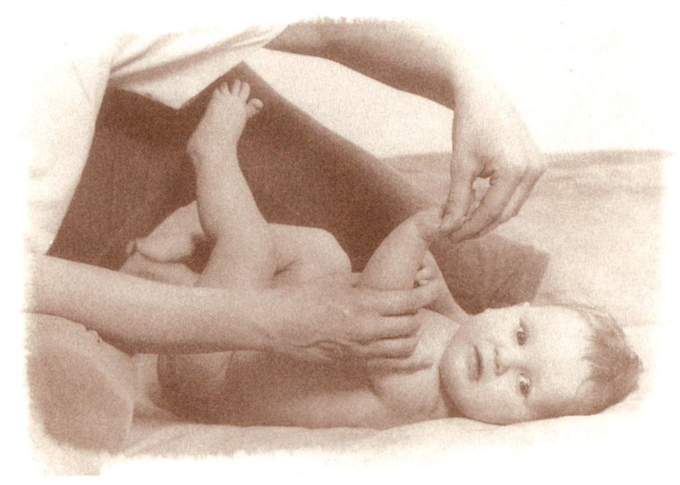

6. 손등 쓸어주기

아기의 손등을 위에서 아래로 쓸어 내린다. 

7. 손목 돌리기

작은 원을 그리는 듯한 동작으로 손목 전체를 마사지해 준다. 

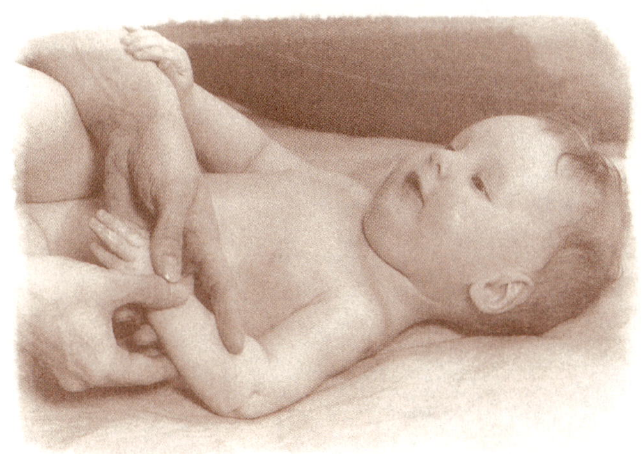

8. 아래에서 위로 쓸기

두 손을 번갈아 가며 아기의 손목에서 어깨까지 쓸어 올린다. 위에서 아래로 쓸기를 할 때와 똑같이 아기의 팔을 감싸듯 꼭 움켜쥔다. 또한 아기의 어깨가 바닥에서 들리지 않도록 주의한다. 이 동작 역시 갓난아기에게 처음 실시할 때는 손가락 서너 개만 이용한다.

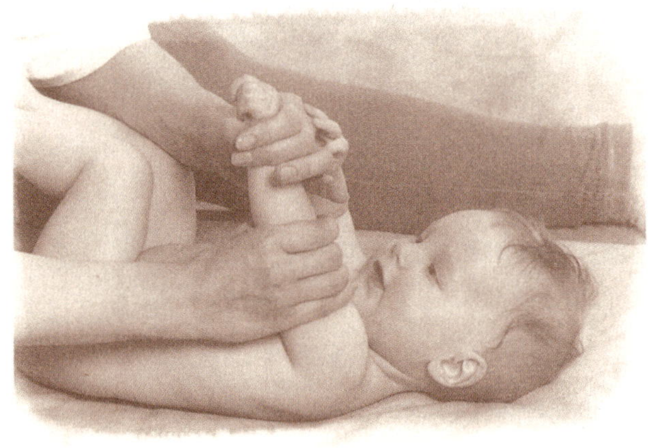

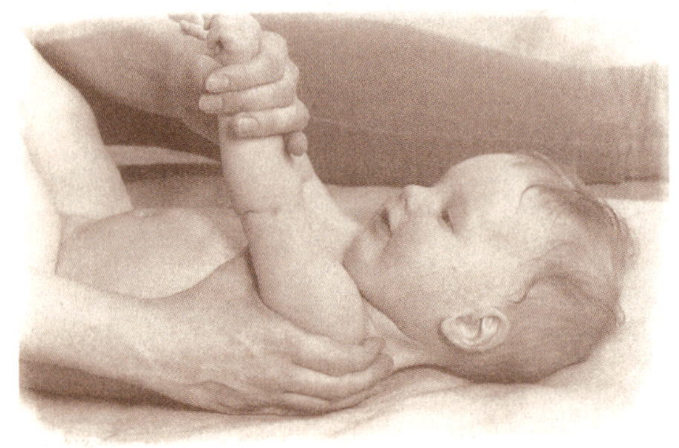

9. 돌리기

두 손을 쫙 편 채 아기의 팔을 맞잡고 어깨에서 손목까지 비비면서 돌리기를 서너 번 반복한다. 이것은 연령에 상관없이 거의 모든 유아들이 좋아하는 동작이다. 

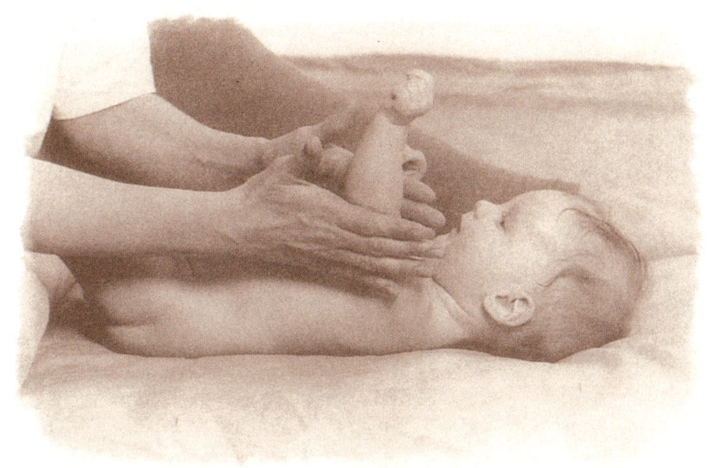

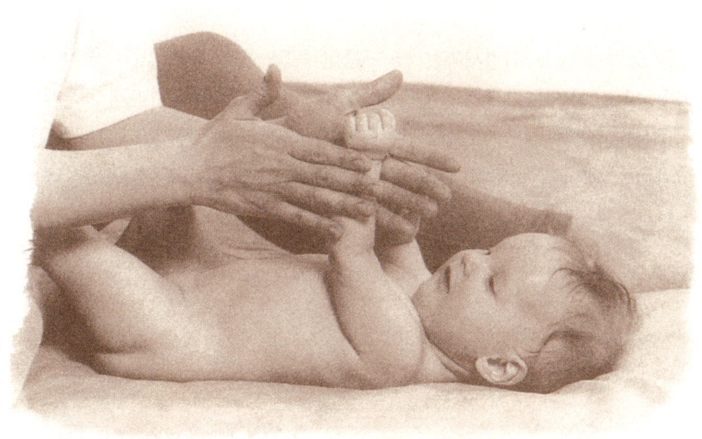

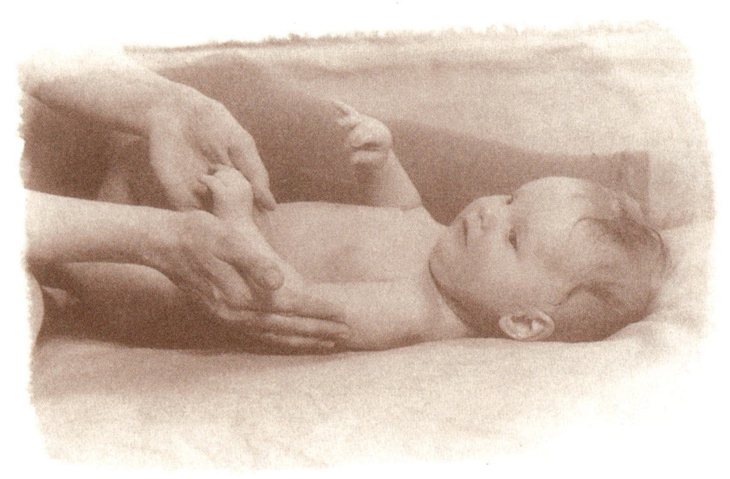

10. 가볍게 주무르기

이 동작은 아기의 팔을 이완시키는 데 도움이 된다. 손에 약간 힘을 주되 편안하게 아기의 팔을 살짝 움켜쥐고, 긴장을 풀거라.라고 말하며, 가볍게 토닥여주고, 돌려주고, 흔들어주면 팔 근육을 이완시키는 효과를 얻을 수 있다. 이때 아기의 팔이 이완되는 것이 느껴지면, 이런 식으로 칭찬해 준다. "아주 잘 했어! 네가 네 팔을 이완시킨 거야."

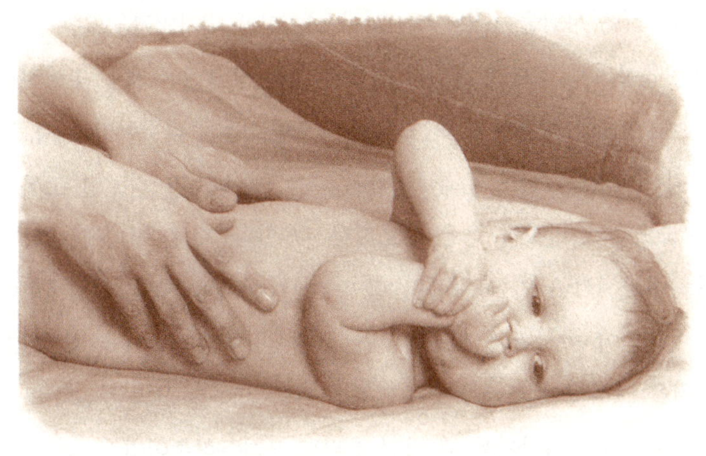

11. 통합 마무리

아기의 어깨에서 가슴, 배, 다리, 발까지 온몸을 한번에 쓸어 내린다.

얼굴 마사지해줄까?

온갖 긴장이 쌓이는 부분이 바로 유아의 얼굴마사지에만 집중하는지 궁금해하는 사람들이 있는데, 그 이유는 다음 몇가지로 들 수 있다.

첫째, 유아의 머리뼈는 완전히 여물지 않은 상태에서 계속 발달하는 과정이기 때문에 유아의 머리는 대단히 조심스럽게 다루어야 한다. 둘째, 머리 마사지는 산도(産道)를 빠져 나올 때 아기가 겪었던 고통을 되살려줌으로써, 발작적 울음을 초래할 수 있다. 셋째, 머리에는 갓난아기를 이완시켜줄 만한 근육이 많지 않다. 아기가 생후 4~6개월이 되고 여러분이 마사지에 익숙해지면, 그때 아기의 머리에 손을 얹고 작은 원을 그리듯이 쓰다듬어 주면서 아기의 반응을 살펴보아라. 만약 아기가 좋아하면 마사지할 때 머리 부위도 쓰다듬어주어라.

1. 하트 모양 마사지

손가락을 쭉 펴서 이마 중앙에 댄 다음 마치 하트 모양을 그리듯이 양쪽 옆얼굴까지 쓸어 내린다. 이때 아기의 눈을 가리거나 콧구멍을 막지 않도록 주의해야 한다.

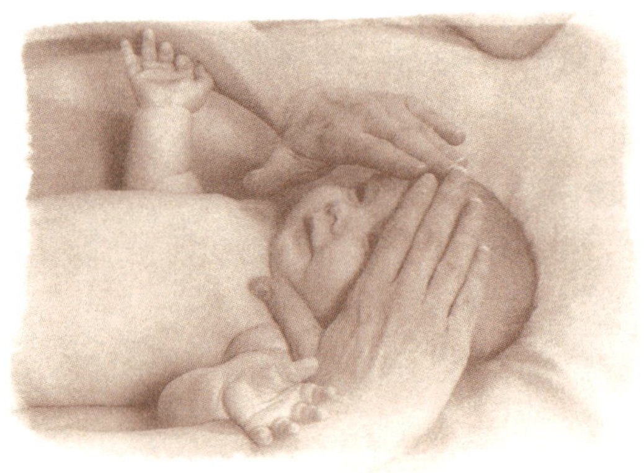

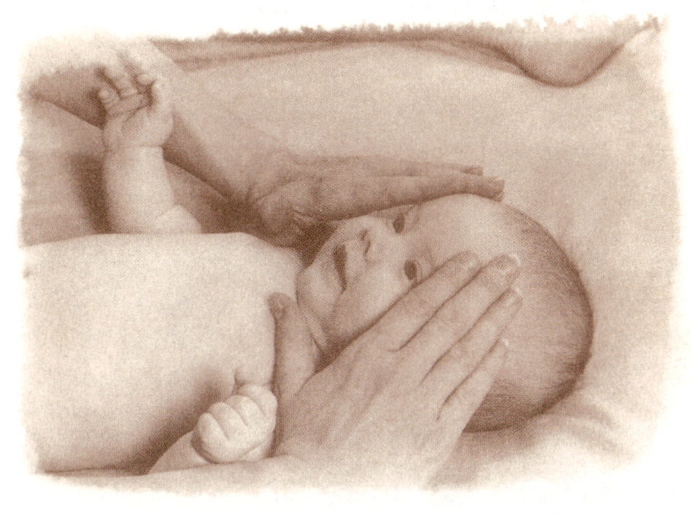

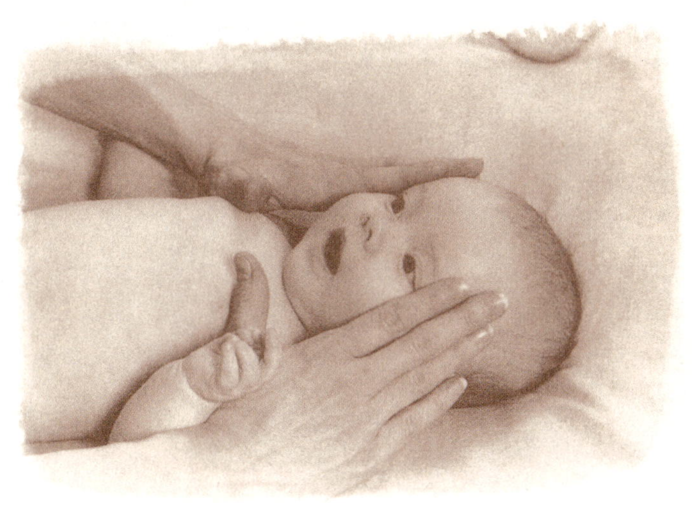

2. 눈썹 쓸어 주기

두 엄지손가락을 중앙에 대고 바깥쪽으로 가볍게 쓸어 준다. 

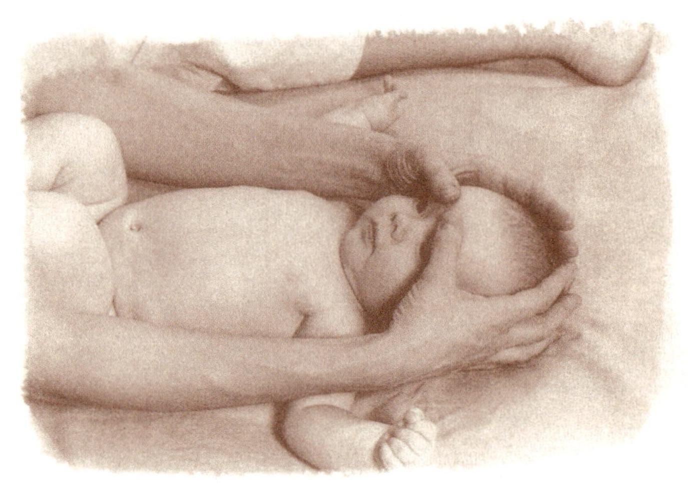

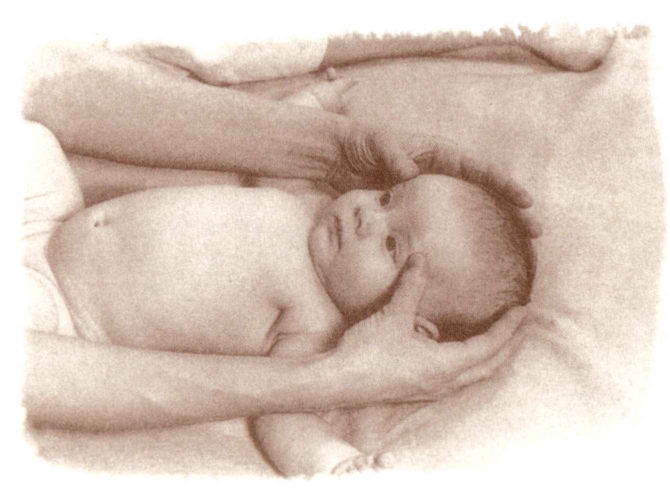

3. 콧대와 볼 마사지

두 엄지손가락으로 콧대를 위로 쓸어 올려준 다음, 대각선 방향으로 볼을 가로질러 쓸어 내린다. 이 동작은 코 막힘을 예방하고 볼 근육을 이완시키는 데 효과적이다.

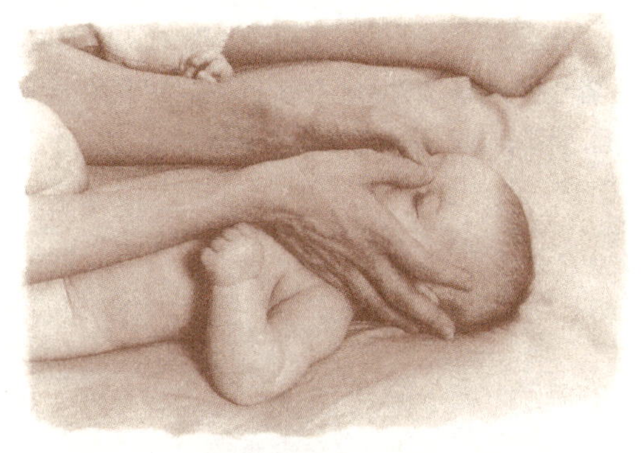

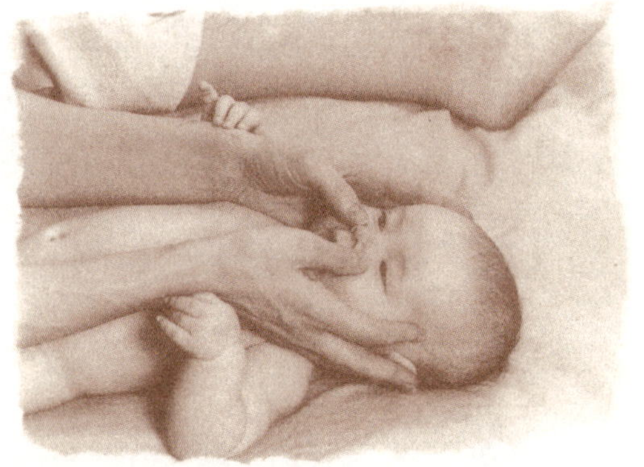

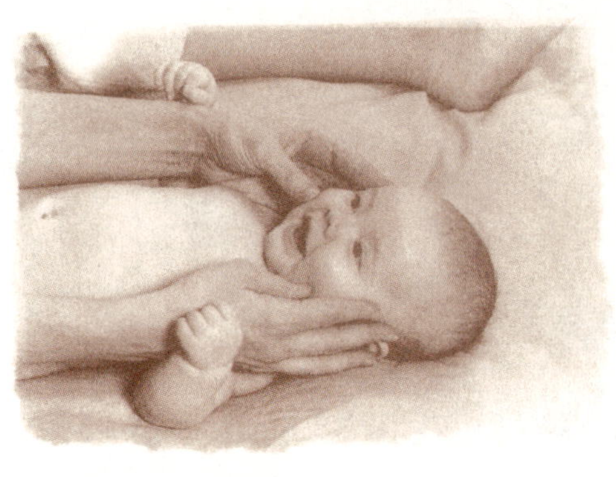

4. 미소 짓기 마사지

두 엄지손가락을 윗입술에 대고 양끝을 살짝 잡아당겨 웃음 띤 얼굴 모양을 만든 다음, 아랫입술도 같은 방법으로 한다.

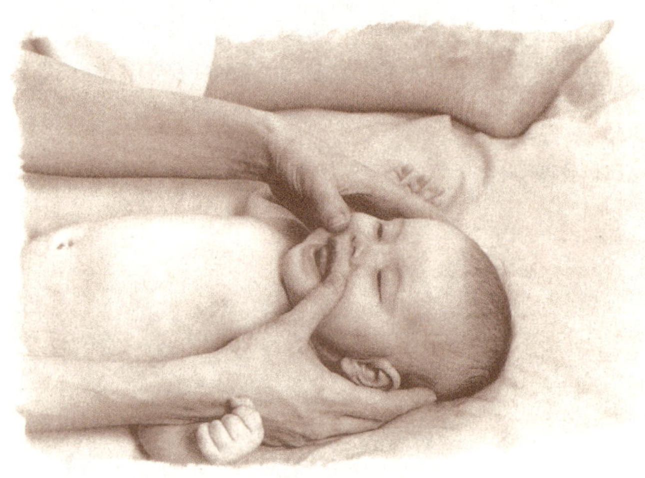

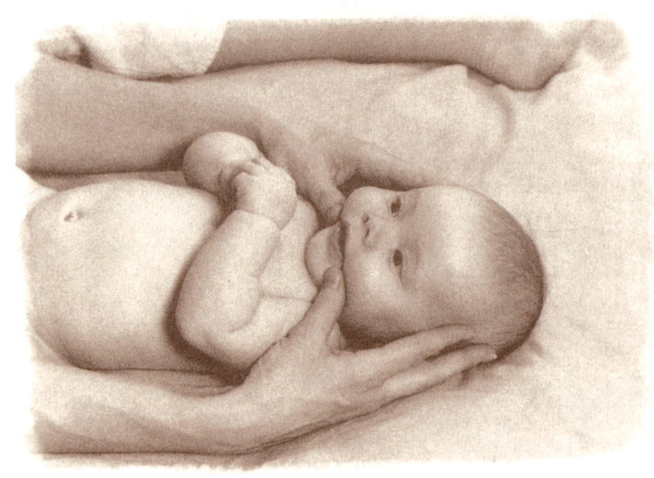

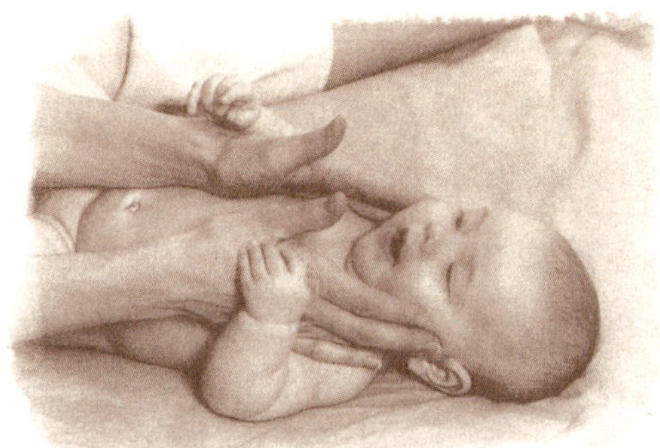

5. 턱 마사지

손가락 끝으로 작은 원을 그리듯이 턱 부위를 쓸어 준다.

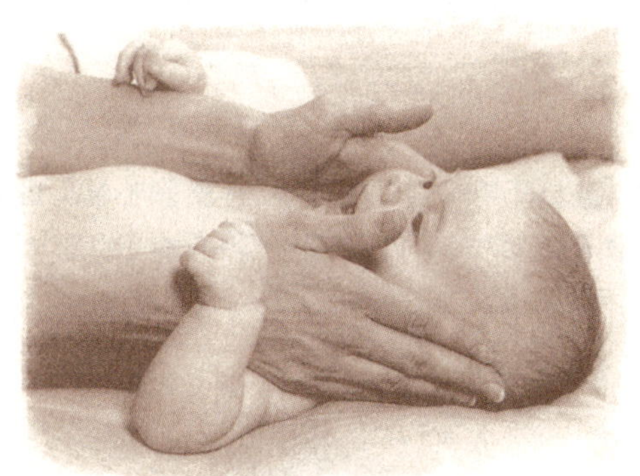

6. 귀, 목 마사지

두 손을 쭉 펴서 아기의 양쪽 귀를 덮은 다음 위로 쓸어 올린다. 이 동작은 턱 부위의 근육을 이완시키고 이 부위에 있는 임파선을 마사지하는 효과가 있다. 얼굴 전체를 잘 쓰다듬어 주고, 아기를 엎어 누인 다음 등 마사지를 시작한다.

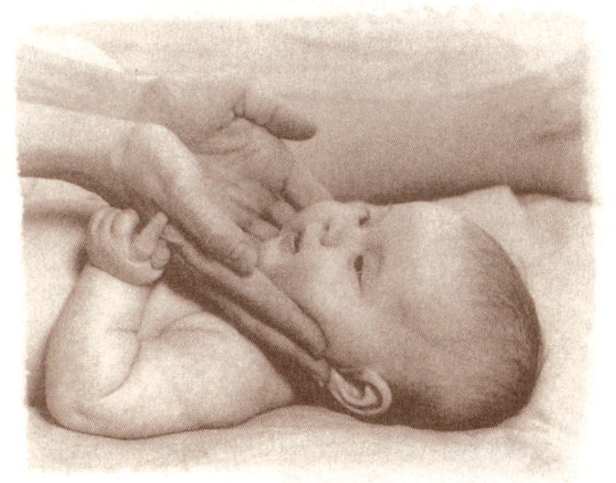

등 마사지해줄까?

등 마사지는 갓난아기나 걸음마를 시작한 유아들이 아주 좋아하는 동작이다. 따라서 마사지 동작 중 가장 편안하게 할 수 있다. 이 동작은 다음에 이어질 스트레칭을 위한 준비 단계이다. 등 마사지를 할 때는 마사지대나 여러분의 다리 위에 아기를 엎어 누인 다음 다리를 쭉 펴준다. 등을 마사지하는 동안 장난감이나 깨질 위험이 없는 거울을 주면 유아가 훨씬 더 재미있는 시간을 보낼 수 있다.

1. 손 올려놓기

아기를 다리 위에 엎어 누인 후, 손을 등에 살짝 올려놓으면서 여러분 자신의 긴장을 풀고 아기에게 마사지를 시작한다는 신호를 보낸다.

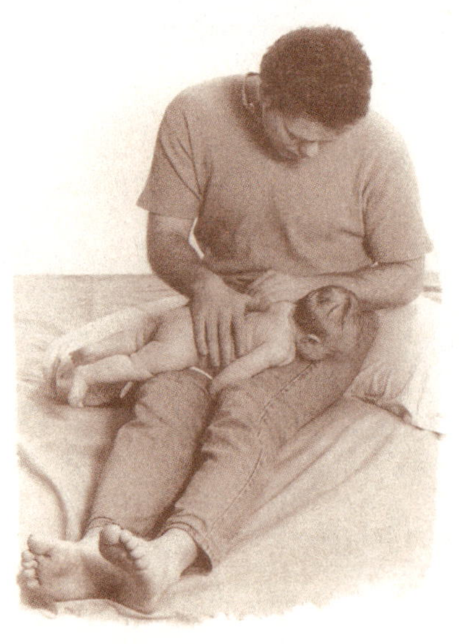

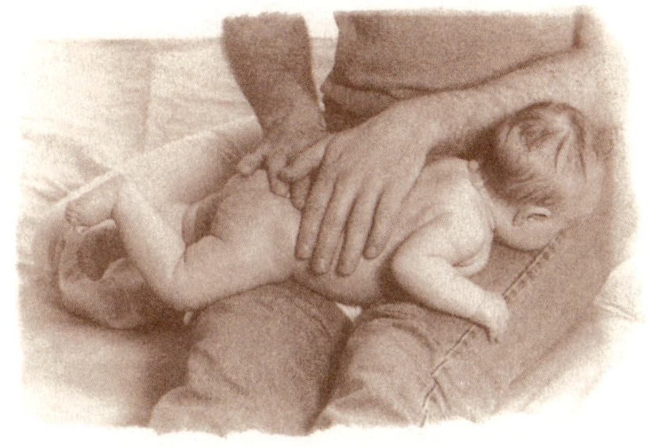

2. 상하 왕복 마사지

등뼈와 직각을 이루도록 두 손을 아기의 등 맨 위에 올려놓는다. 두 손을 아기의 등에 꼭 붙이고 오른손과 왼손을 번갈아 가며 쓸어 준다. 엉덩이까지 쓸어 내린 다음, 다시 어깨까지 쓸어 올리기를 두 번 반복한다.

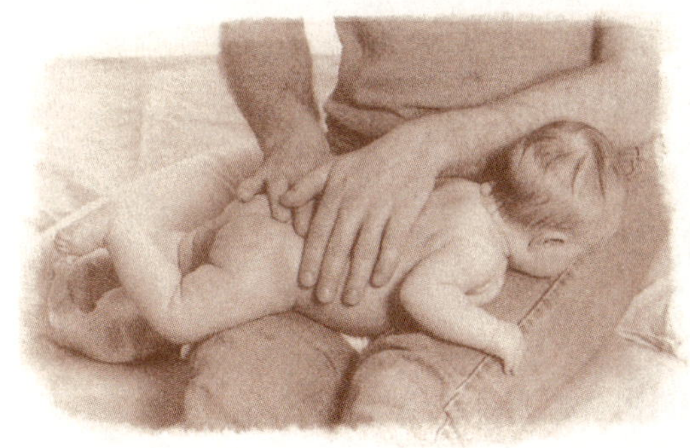

3. 재빨리 쓸어 내리기 1단계

한 손은 아기의 엉덩이에 고정시키고, 다른 손으로 어깨에서 엉덩이까지 빠른 속도로 단번에 쓸어 내린다. 이때 아기의 등에서 손이 떨어져서는 안 된다. 이 동작을 두세 번 반복한다.

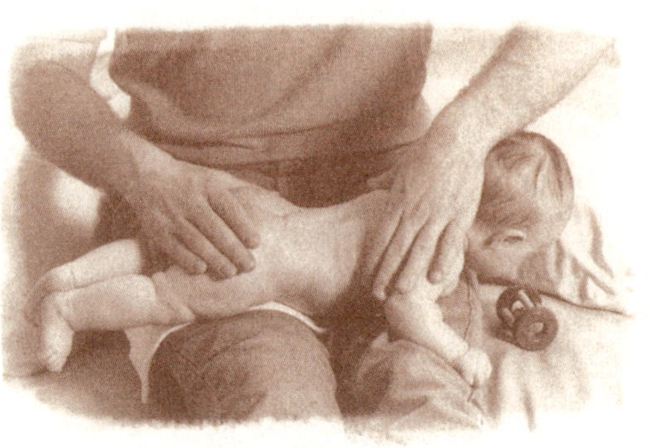

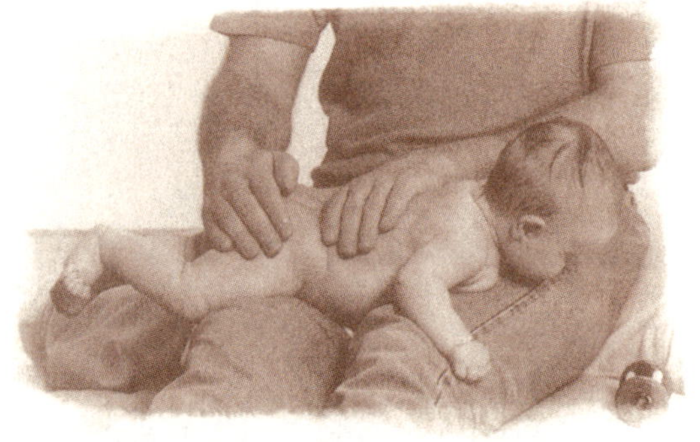

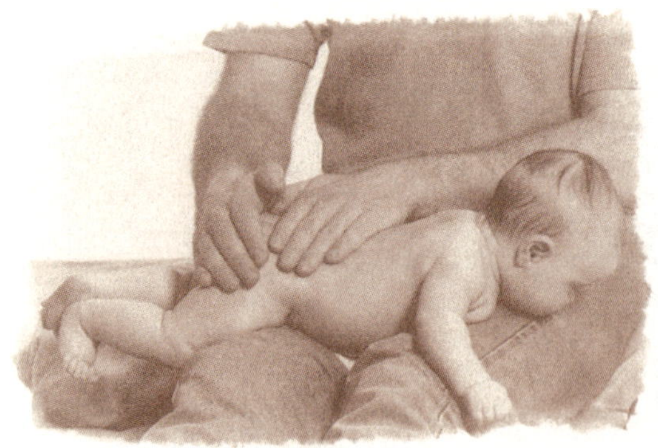

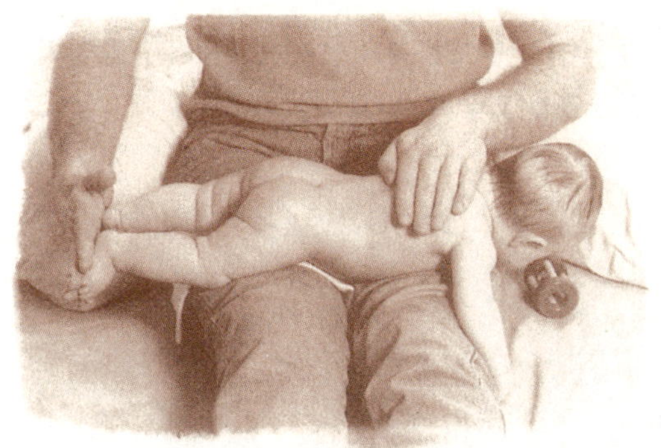

4. 재빨리 쓸어 내리기 2단계

아기의 발바닥에 한 손을 붙이고(가볍게 아기의 발을 잡아도 된다), 다른 손으로 등에서, 다리, 발목까지 빠른 속도로 단번에 쓸어 내린다. 이 동작 역시 두세 번 반복한다.

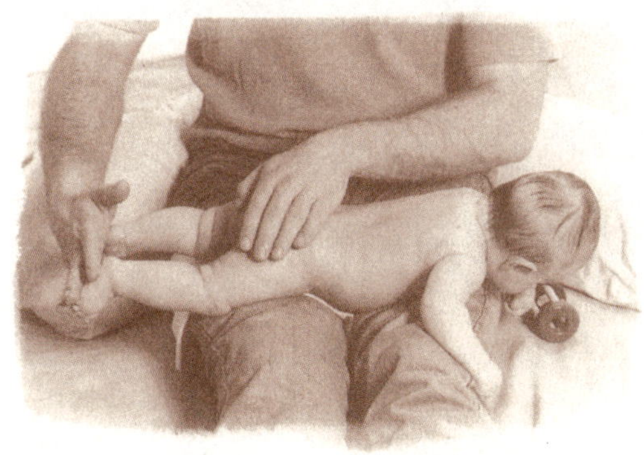

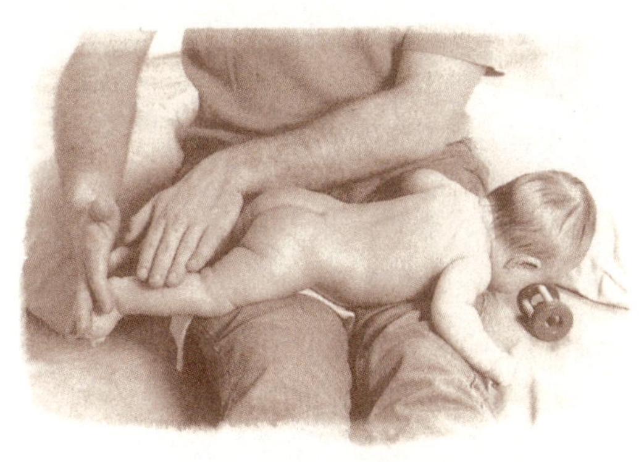

5. 작은 원 그리기

작은 원을 그리듯이 등 전체를 손가락 끝으로 꼭꼭 눌러준다. 아기가 점차 자라면, 손가락 끝으로 근육이 발달한 것을 느낄 수 있다.

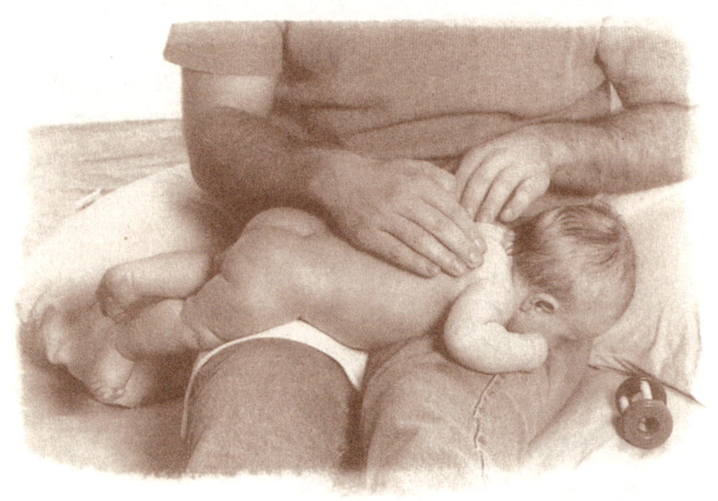

6. 손가락으로 빗질하기

등 마사지의 마무리 단계. 손가락을 벌려 빗질하듯이 어깨에서 엉덩이까지 쓸어 내린다. 처음에는 약간 힘을 주었다가 점차 힘을 빼고, 마지막에는 새털처럼 가볍게 쓸어 준다. 이것은 아기에게 등 마사지가 끝났다는 신호를 보내는 것이다.

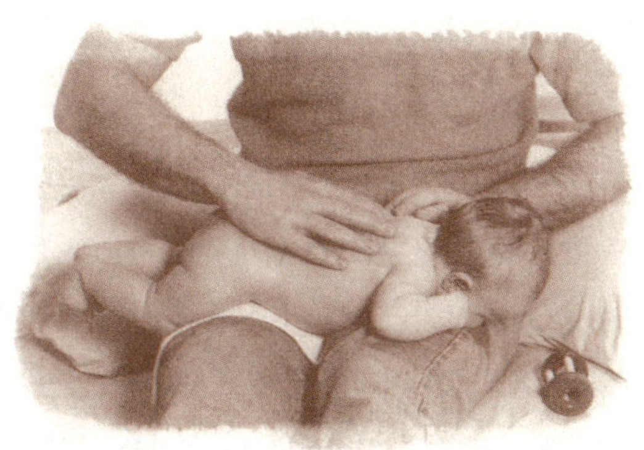

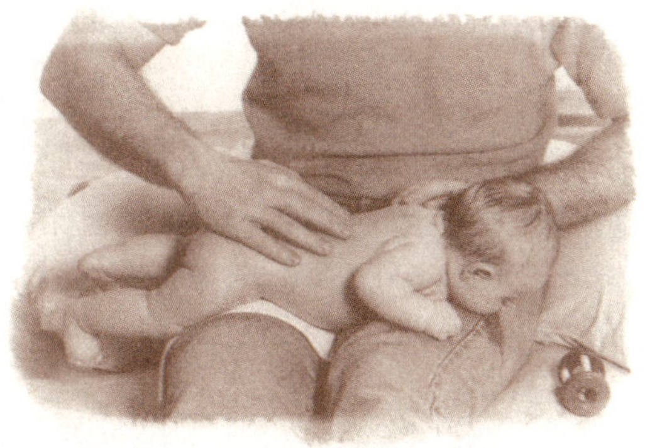

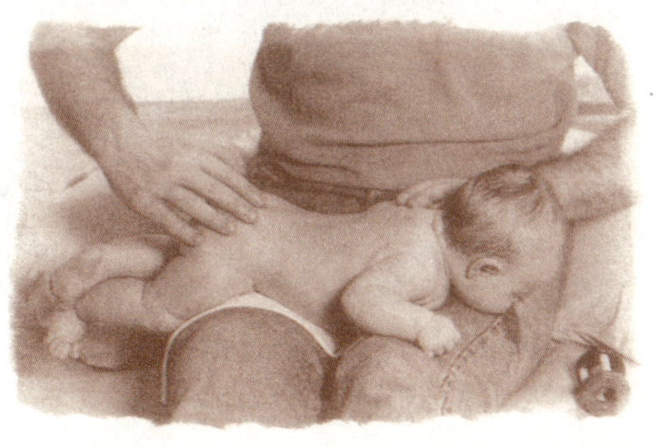

스트레칭

이 동작은 아기의 팔과 다리를 살짝 잡아당기고, 배와 엉덩이 부위를 마사지해 주며, 척추를 곧게 펴주는 가벼운 운동이다. 다시 말하면 유아를 위한 요가인 셈이다. 모든 동작은 아주 부드럽게 하고, 노래와 게임을 곁들이면 아기에게 훨씬 재미있는 시간이 될 것이다(제 12장 참조). 유아가 걷기 시작하면, 이 동작은 굳이 따로 할 필요가 없다. 유아의 활동량이 많아져서 자연스럽게 스트레칭과 운동을 할 기회가 많기 때문이다.

1. 팔 교차시키기

두 팔을 위 아래로 번갈아 가며 교차시킨다. 그런 다음 두 팔을 양쪽으로 펼치면서 가볍게 잡아당긴다. 이 동작을 반복 실시한다.

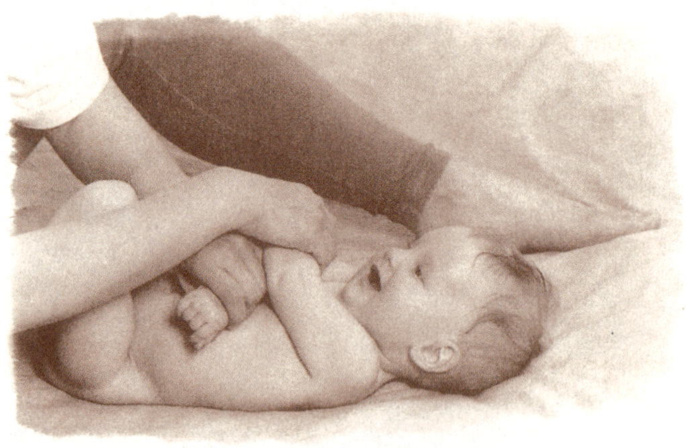

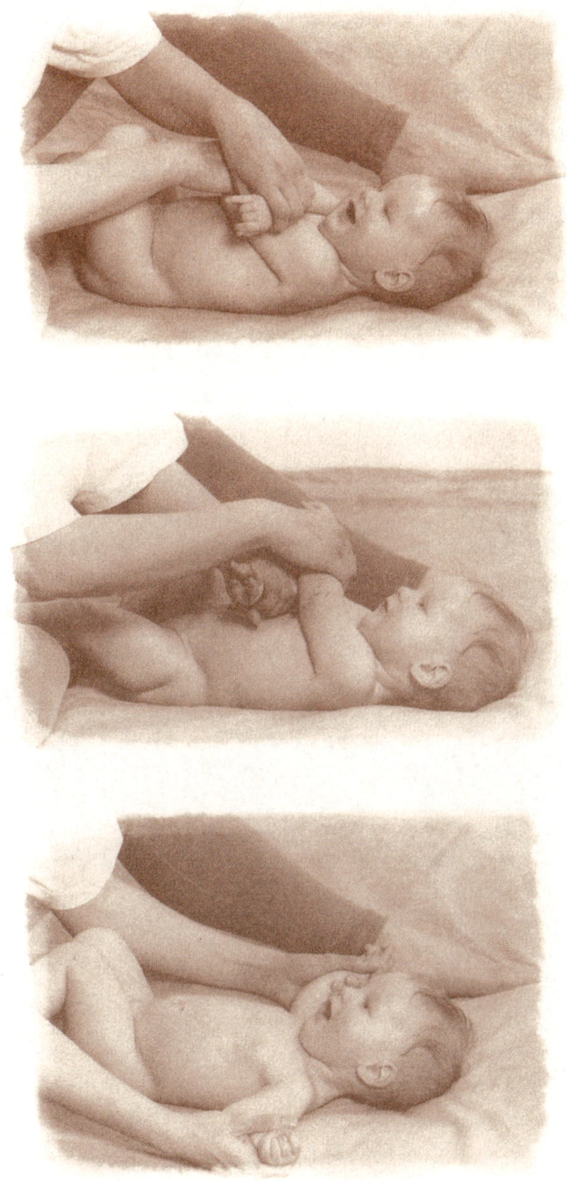

2. 팔과 다리 교차시키기

한쪽 팔의 손목과 반대편 다리의 발목을 각각 잡는다. 팔은 가슴 쪽으로, 다리는 어깨 쪽으로 가볍게 잡아당긴다(무릎을 굽혀도 상관없다). 이때 다리가 팔 위로 가도록 교차시키고, 다시 팔과 다리의 위치를 바꿔 교차시킨다. 그런 다음 나머지 한쪽 팔과 다리도 똑같은 방법으로 교차시켜 잡아당긴다. 나이가 좀 많은 유아는 다리를 더 높이 끌어당겨 팔과 무릎이 교차되도록 한다.

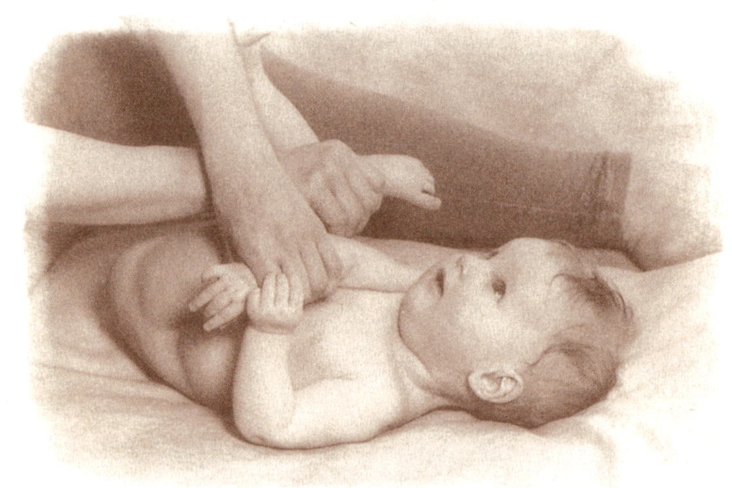

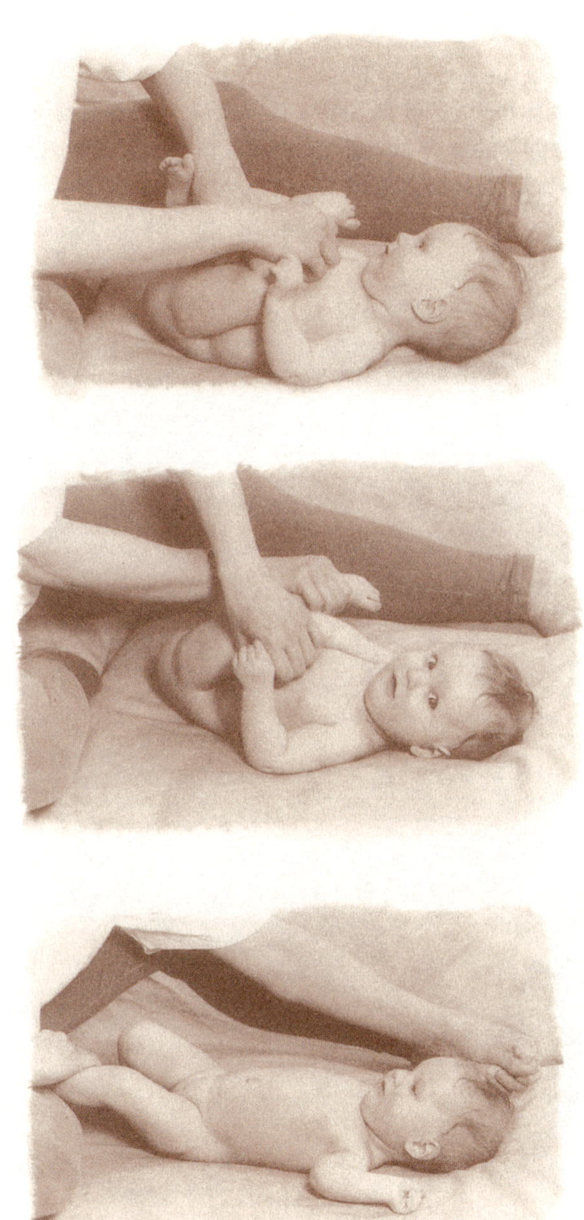

3. 다리 교차시키기

두 다리의 위치를 바꾸어 가며 배 위에서 교차시킨다. 이 동작을 세 번 반복한다. 그런 다음 여러분 쪽으로 두 다리를 잡아당긴다. 이 동작은 소화 기관의 발달을 촉진시키는 효과가 있다.

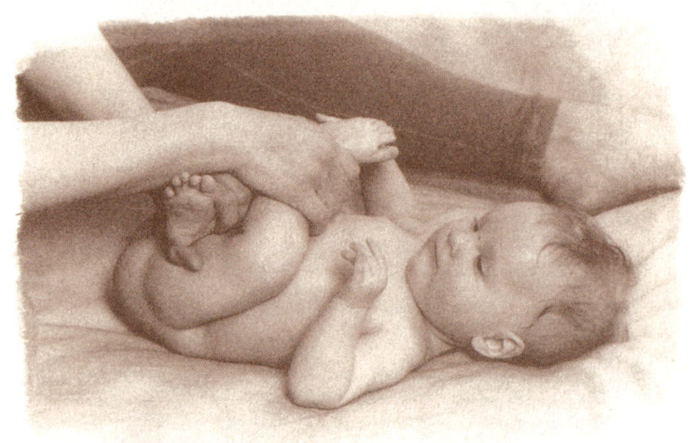

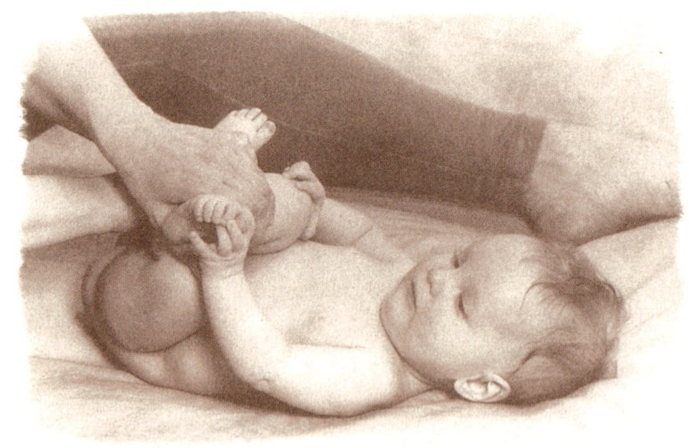

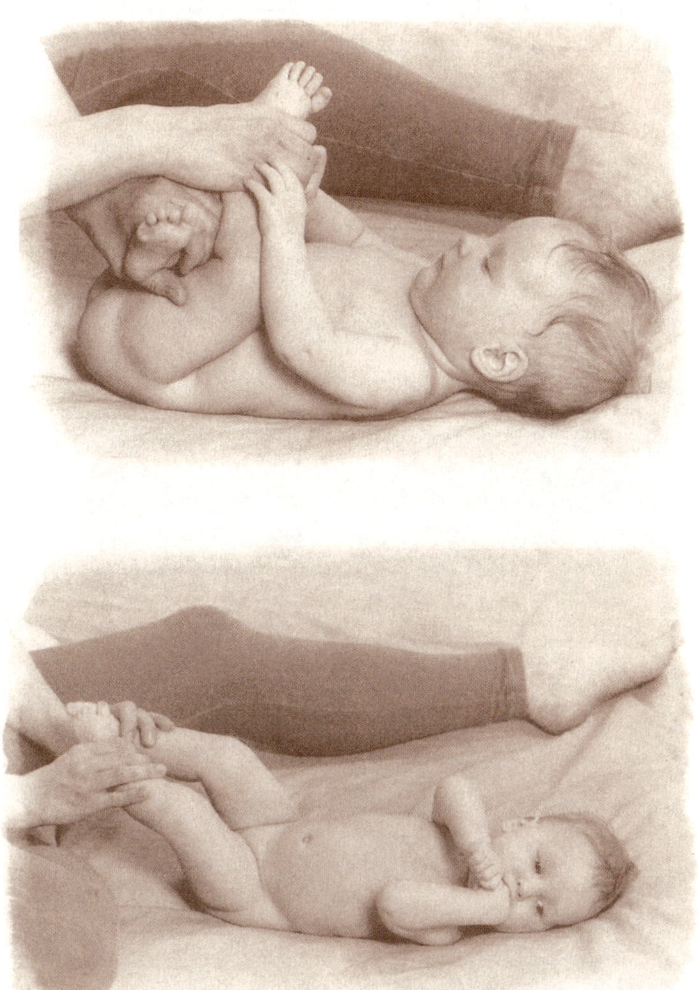

4. 무릎 굽혔다 펴기

두 무릎을 동시에 배 쪽으로 밀어 올린 다음, 앞으로 쭉 잡아당긴다. 이때 아기가 다리를 펴려고 하지 않으면, 위 아래로 살살 흔들어준다. 이 동작은 두세 번 반복한다.

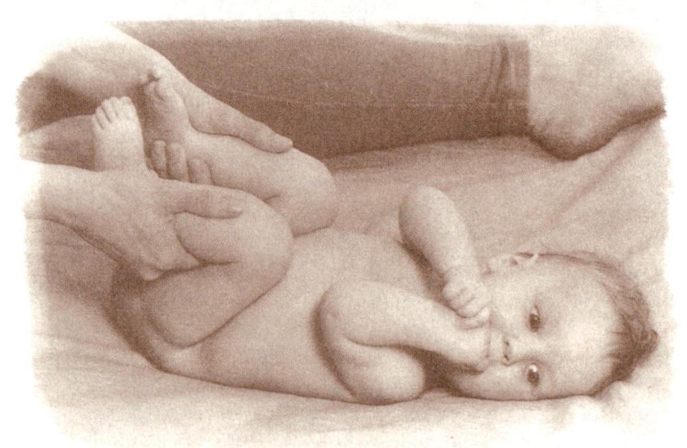

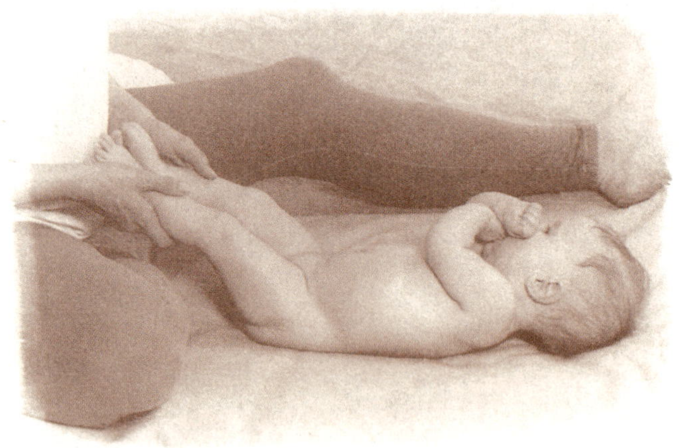

5. 자전거 타기

두 다리를 배 위로 끌어당겨 무릎을 굽힌 상태에서, 두 다리를 번갈아 가며 상하로 가볍게 움직여 준다. 그런 다음 다리를 쭉 펴서 살살 흔들어 준다.

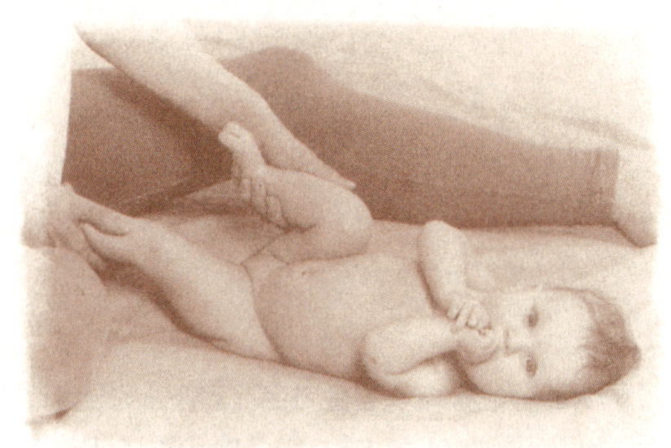

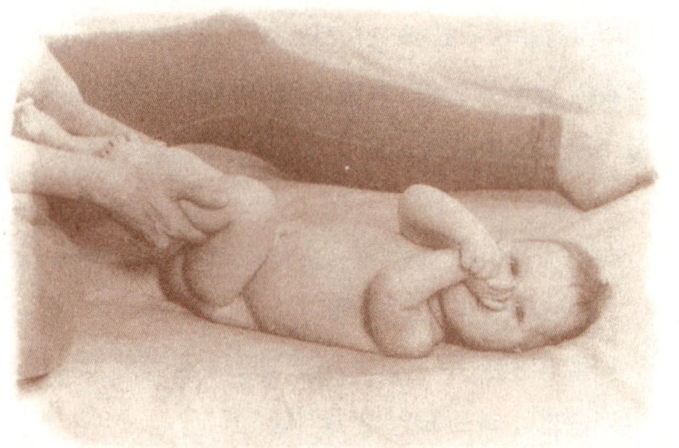

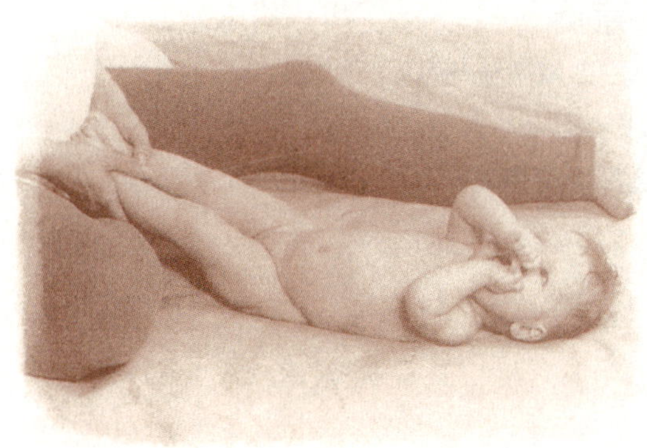

약식 마사지

기저귀를 갈아줄 때나 잠을 재우기 전에는 간단하게 마사지를 해주는 것도 좋다. 이렇게 몇 분 동안 실시하는 약식 마사지로도 아기는 긴장을 풀고 푸근한 마음 가질 것이다.

더구나 피부와 피부끼리 접촉하는 행위에서 사랑을 교감하는 마사지의 효과를 충분히 얻을 수 있다. 또 약식으로 할 때는 마사지 오일이나 로션을 바르지 않아도 좋다.

1. 아기가 좋아할 경우에는 손을 머리에 얹고 원을 그리듯이 쓸어준다.
2. 이마에서 하트 모양 만들기를 한다.
3. 턱을 따뜻한 두 손으로 부드럽고 세김하게 쓰다듬어 준다.
4. 가슴에서 하트 모양 만들기를 한다.
5. 팔을 좌우로 돌려주고, 손을 쫙 편 채로 가볍게 잡아당긴다.
6. 다리를 좌우로 살살 돌린다.
7. 발바닥을 엄지손가락으로 꾹꾹 눌러준다.
8. 등을 위 아래로 쓸어준다.
9. 등에서 '손가락 빗질하기' 를 한다.

⚕ 마사지 동작 총정리 ⚕

1. 자신의 몸에 착용하고 있는 장신구를 빼고, 아기의 옷을 벗기면서 긴장을 풀고 깊은 호흡을 한다. 아랫도리를 얇은 천이나 기저귀로 덮어준다.
2. 손바닥에 마사지 오일을 따른 뒤, 두 손을 맞대고 비벼 오일을 따뜻하게 한다.
3. 오일 바른 손을 아기에게 보여주며 시작 신호를 보낸다.
4. 다리와 발 마사지

a 손 올려놓기, b 위에서 아래로 쓸기, c 조이기와 비틀기, d 엄지손가락 교차 쓸기 e 발가락 조이기, f 발가락 밑 누르기, g 발꿈치 누르기, h 발바닥 누르기, i 발등 쓸어주기, j발목에 원 그리기, k 아래에서 위로 쓸기, l 발목 돌리기, m 엉덩이 부위 쓸어주기, n 통합 마무리

5. 배 마사지

a 손 올려놓기, b 물레방아 돌리기 1 2, c 양옆으로 쓸어주기, d 해와 달 만들기
e ILove You 마사지, f 손가락 끝으로 촘촘히 걷기

6. 가슴 마사지

a 손 올려놓기, b 하트 모양 만들기, c 나비 자세, d 통합 마무리

7. 팔과 손 마사지

a 손 올려놓기, b 겨드랑이 쓸어주기, c 위에서 아래로 쓸기, d 조이기와 비틀기, e 손가락 돌리기, f 손등 쓸어주기, g 손목에 작은 원 그리기, h 아래에서 위로 쓸기 I 팔을 좌우로 가볍게 돌리기, j 가볍게 주무르기, k 통합 마무리

8. 얼굴 마사지

a 이마에 하트 모양 만들기, b 눈썹 쓸어주기, c 콧대 쓸기와 볼 근육 마사지, d 미소 짓기 마사지, e 턱 쓰다듬기, f 귀와 목, 볼 쓸어주기

9. 등 마사지

a 손 올려놓기, b 상하 왕복 마사지, c 재빨리 쓸어 내리기 1 2, d 작은 원 그리기, e 손가락 빗질하기

10. 스트레칭

a 팔 교차시키기, b 팔과 다리 교차시키기, c 다리 교차시키기, d 무릎 굽혔다 펴기 e 자전거 타기

11. 마지막으로 사랑의 입맞춤!

InfantMassage

8 울음, 짜증, 그리고 유아의 몸짓 언어

이 때가 내 생애의 가장 슬픈 시기이다.

아놀드 로벨

갓난아이를 둔 부모라면 이런 상상을 할 법도 하다. 아기는 사랑스런 손길로 마사지를 받으면 아주 기분 좋게 누워 엄마의 목소리를 듣고 엄마를 바라보다가, 스르르 잠이 들 것이라고 말이다. 물론 이런 꿈 같은 일들이 이따금 일어날 수도 있지만 꼭 그렇지 않다. 다시 말해 마사지를 하는 동안 아기는 울거나 짜증을 부릴 때가 훨씬 더 많다. 그러나 마사지를 해주는 부모가 마사지를 받는 아기의 반응을 알게 된다면, 지금보다 아기를 훨씬 더 편안하게 잘 도와줄 수 있을 것이다.

유아는 발육 속도가 무척 빠르다. 그러므로 그 작은 몸으로는 감당하기 힘든 긴장을 느끼는 경우가 많다. 예컨대 근육을 고루 발달시키기 위해 애쓰다 보면 때때로 고통이 따르고 기분이 나빠지는 것은 어쩌면 당연한 일일지도 모른다.

심지어 성인도 몸이 아플 때 마사지를 받으면, 시원해 하면서도 어딘가 모르게 불편하기도 하다. 그런 만큼 근육이 쑤시고 아플 때는, 살짝 건드려도 짜증이 날 수 있다. 그럼에도 마사지를 하게 되면 긴장이 많이 풀릴 뿐만 아니라, 혈액 순환이 원활해져 치료 효과까지 얻을 수 있다. 그러므로 얼굴을 찡그리며 불평을 하다가도 기분이 좋아지는 것이다. 실제로 마사지를 받으면 자신이 전혀 몰랐던 통증을 감지하는 경우도 종종 있는데, 마사지가 그런 통증을 말끔히 제거해 준다는 사실을 감안하면, 그 정도의 일시적인 통증쯤이야 얼마든지 견딜 수 있을 것이다.

어른들도 이 같은 경험을 하는데, 마사지를 처음 경험하는 갓난아기의 고통과 불편은 충분히 짐작하고도 남음이 있다. 갓난아기도 처음에는 마사지의 자극에 부정적인 반응을 보이지만, 점차 익숙해지면 마사지를 좋아하게 될 것이다. 따라서 처음에는 부위별로 차근차근 하면서 아기가 자연스럽게 받아들일 수 있는 기회를 주는 것이 좋다. 아기마사지를 처음 하는 부모도 어설프고 불안하기는 마찬가지지만, 마사지 동작을 정확하게 익힐 수 있는 시간적·정신적인 여유를 갖는다면 부모나 유아 모두에게 큰 도움이 될 것이다.

특별히 분만 과정에서 큰 고통을 겪었거나 외상을 입고 병원에서 치료를 받은 아기, 또 수양 부모나 보육원에서 양육하는 아기는 대체로 아주 심한 거부 반응을 보인다. 예컨대 병원에서 혈액 검사를 받기 위해 발꿈치에 주사바늘을 꽂은 경험이 있는 아기는 발 마사지를 할 때 울음을 터뜨리는 경우가 많다. 심할 때는 이런 반응이 몇 달 동안 계속되기도 한다. 만약 특정 부위의 마사지에 대해 아기가 거부 반응을 보일 때는, 먼저 '가볍게 주무르기' 와 '손 올려놓기' 를 이용해 서서히 마사지 동작에 익숙해지게 만드는것이 좋다.

안아주기

유난히 품에서 떨어지지 않으려는 아기들이 있다. 요즘에는 갖가지 아기띠가 많아서 부모에게 안기고 싶어하는 아기의 욕구를 들어주기가 한결 편해졌다. 어느 연구소에서 신생아의 부모를 두 집단으로 나눠 실험을 한 연구 결과가 있다. 한 집단의 부모에게는 플라스틱으로 된 유아용 의자에 아기를 앉히도록 하고, 다른 한 집단의 부모들에게는 부드러운 아기띠로 안아주도록 했다.

그로부터 3개월 후, 부드러운 아기띠로 안아준 아기들은 딱딱한 플라스틱 의자에 앉아 지낸 아기들에 비해 훨씬 더 자주 자기 엄마를 바라보았다. 13개월이 지나서 다시 비교해 본 결과, 안아서 키운 유아들은 의자에 앉혀 키운 유아들보다 부모에 대한 애착이 훨씬 더 안정적이었다. 그래서 최근에는 이러한 캥거루 양육법이 병약한 아기나 미숙아를 치료하는 방법으로 응용되고 있다. 심지어 열 달을 다 채우고 건강하게 되어난 아기들도 많이 안아줄수록 훨씬 더 잘 자라는 듯하다. 그렇게 볼 때, 자신의 아기를 아기띠로 안고 키우는 원시 부족들의 어머니들은 본능적으로 그 가치를 알고 있었던 것은 아닐까?

안아 키우는 것은 이밖에도 여러 가지 장점이 있다. 즉 유아의 소화 기능을 촉진시키고, 심장 박동을 늦춰 주는 한편, 호흡 기능을 촉진시키고, 변비에도 효과가 있다. 아울러 아기를 안고서 여러 가지 활동하는 동안 부모의 자연스런 움직임이 아기를 얼러주는 셈이어서 아기는 안정감과 평온함을 느낀다.

테리 레비(Terry Levy)와 마이클 올랜스(Michael Orlans)는 그들의 저서『애착, 상처, 그리고 치유(Attach, Trauma, and Healing)』에서 이렇게 지적하고 있다. "부모와 심장을 맞대고 자라는 유아들은 부모와의 정신적 공시성(共時性)을 유지한다."

사실 안아주게 되면 부모의 심장 뛰는 소리를 들을 수 있을 뿐만 아니라, 따뜻함과 포근함을 느끼기 때문에 아기는 안정감을 찾게 된다. 더구나 심장 뛰는 소리는 식욕 증진과 체중 증가, 규칙적인 수면과 호흡 기능을 촉진시키는 반면, 울음은 절반으로 감소시킨다는 연구 결과가 있다.

아기의 신호

갓난아기들이 말을 못하는 것은 할 말이 없어서가 아니다. 다만 언어 능력이 발달되지 않았기 때문이다. 따라서 자신의 의사를 전달하기 위해 아기들은 울음이나 웃음 따위의 몸짓 언어를 동원한다. 그러므로 부모는 이러한 유아들의 신호에 세심한 주의를 기울여야 한다. 아기는 자신만의 독특한 방법으로 의사 표현을 하기 때문이다.

린다 아크레돌로(Linda Acredolo) 박사와 수잔 구드윈(Susan Goodwyn) 박사도 그들의 공동 저서 『유아의 신호 : 언어 습득 이전의 유아와 대화하는 법(Baby Signs: How to Talk with Your Baby Before Your Baby Can Talk)』에서 언어를 배우기 전 유아는 신호를 보낸다는 사실을 입증하고 있다.

즉, 말을 배우기 전 단계의 유아들이 어떤 식으로 사물과 감정에 대한 신호를 만들며, 또 그 신호를 읽는 법을 부모들에게 어떤 방법으로 알려주는지 보여주고 있다. 따라서 아기가 보내는 신호를 알면, 부모는 그 신호가 의미하는 말을 아기에게 들려주기 때문에, 아기는 말을 쉽게 깨칠 수 있게 된다.

특히 언어 습득 단계에 이런 방법을 사용하면 유아는 훨씬 더 빨리 언어를 배우게 된다. 예를 들어 생후 1년 된 유아는 책을 의미하는 신호로 자신의 손을 펼쳤다 오므렸다 할지도 모른다.

그런데 이러한 언어 습득 이전 단계의 대화 방법은 아기마사지 과정에서 큰 도움이 된다. 손바닥에 오일을 따라 비빌 때 나는 소리는 곧 마사지를 의미함과 동시에, 마사지를 시작해도 좋은지 아기의 의사를 타진하는 것이기 때문이다. 예컨대 아기가 여러 가지 자극으로 지쳐 있다면, 쉬고 싶다는 뜻을 알리는 신호를 보낼 것이다. 이를테면, '그만!' 하라고 말하는 것처럼 얼굴 앞으로 손을 가져갈 것이다.

그리고 딸꾹질하는 것도 스트레스를 받고 있다는 신호의 일종이기도 하다. 한편 유아가 머리를 내두르고 짜증을 부린다면 그것은 에너지를 얻어 진정할 수 있도록 자신을 편안하고 포근하게 감싸주거나 기분 좋게 흔들어달라는 신호일지도 모른다.

먼저 '마사지' 라는 말을 뜻하는 신호를 아기에게 가르쳐 주면(긴장을 풀라는 말을 하면서 손을 힘없이 흔들어 보이는 식으로), 마사지를 해주는 부모에게도, 마사지를 받는 아기에게도 큰 도움이 될 것이다.

또한 신호에 대한 반응을 나타내지 못할 만큼 어린 아기일지라도 신체 부위별 신호, 기쁘다, 슬프다, 화가 난다 등의 감정 표현에 대한 신호, 끝났다라는 신호를 가르칠 수 있다. 아크레돌로 박사와 구드윈 박사는 유아신호는 생후 9개월 이후부터 나타난다고 주장한다. 그러나 다른 전문가들에 따르면 심지어 미숙아들도 자신을 보살펴 주는 사람에게 자신의 상태와 욕구를 알리는 신호를 보낸다고 한다. 그러므로 날마다 규칙적인 마사지를 해주는 부모는 자신의 아기가 보내는 독특한 신호를 알게 될 것이다. 실제로 아기마다 고유한 신호가 있으므로, 딸꾹질을 하거나 손을 들어올리거나 눈길을 돌리는 것이 모두 똑같은 것을 의미하지는 않는다.

따라서 자신의 아기가 몸짓으로 보내는 다양한 신호가 무엇을 의미하는지 간파하기 위해 부모는 세심한 주의를 기울여야 한다. 간혹 마사지를 받는 동안, 긴장이 풀리면 유아가 순간적으로 짜증을 내며 스트레스를 받고 있다는 신호를 보내는 경우가 있다. 이것은 일시적이어서 곧 안정을 되찾아 마사지를 좋아하게 될 것이다. 이처럼 아기마사지는 자신의 아기가 보내는 독특한 표현 방식을 깨닫고, 유아의 몸짓이 의미하는 것을 말로 표현해줌으로써 언어 습득을 촉진시키는 효과를 얻을 수 있다.

발달단계별 아기마사지

일반적으로 유아의 나이와 발달 단계에 따라 마사지 동작에 대한 반응도 다르게 나타난다. 그리고 모든 유아들의 개성도 저마다 뚜렷하다. 하지만 마사지에 대한 공통적인 반응을 알게 되면 언제 어떤 마사지 동작이 효과적인지를 파악하는 데 많은 도움이 된다. 공통적으로 염두에 두어야 할 것은 발육 속도가 빠른 유아기에는 원래 짜증이 많고 신경이 예민해진다는 사실이다. 따라서 따뜻하고 사랑스런 손길로 해주는 마사지는 급속한 발육에 따른 긴장을 풀어줄 수 있다.

예를 들면 생후 3개월 동안, 유아는 신생아 반사 행동을 많이 한다. 그 가운데, 자신의 머리를 옆으로 돌리는 것은 강직 목 반사 행동이며, 머리를 받쳐주지 않으면 기겁하듯 놀라는 것은 모로 반사 행동이다.

이럴 경우 요람 자세로 마사지를 해주면 포근하게 감싸줄 수 있으며, 아기의 얼굴을 여러분 쪽으로 고정시켜 줄 수가 있기 때문에 눈을 맞추기도 쉽다. 또 대부분의 신생아들은 두 손을 꼭 쥔 채 팔에 힘을 주고 있어서 팔 마사지를 해주면 두려움을 느낀다. 그런 만큼 만약 아기가 심한 거부감을 보일 때는, 무리하게 마사지를 시작하지 말고 먼저 가벼운 접촉을 통해 긴장을 풀어 주고 안정시키는 것이 좋다.

실제로 아기를 유심히 살펴보면, 아기의 팔이 얼마나 경직되어 있는지 알 수 있다. 또 자궁에 있는 동안 팔을 거의 오므리고 있어서 팔을 무리하게 잡아당길 경우에 엄청난 두려움을 가질 수도 있다. 게다가 생물학적으로 팔은 가슴 부위의 중요 기관을 보호하도록 예정되어 있을지도 모른다. 그러므로 팔을 펴서 긴장을 풀어도 좋다는 것을 서서히 알려주어야 한다. 팔 마사지를 처음 할 때는, 먼저 팔을 살살 굽혔다 펴기를 해준다.

그렇게 해서 팔이 배 쪽으로 내려가면, 아기는 호기심이 생겨 무엇인가를 탐색하려 할 것이다. 이때 아기가 팔을 뻗고 있는 방향으로 부드럽고 포근하게 쓰다듬어 주면서 마사지를 시작하는 것이 좋다. 이와 동시에 다리와 등도 부드럽게 쓸어주면 아기는 마사지에 더욱 친근감을 느끼면서 스스로 팔을 펴게 될 것이다.

생후 4~6개월 된 유아는 대부분 주위를 두리번거리며 다른 사람들과 상호 작용을 하기 시작한다. 유아가 뒤집기를 시작하는 것도 바로 이때이다. 만약 마사지를 하는 도중에 아기가 뒤집기를 하면, 무리하게 바로 누이려 하지 말고, 그 상태에서 자연스럽게 등과 다리를 쓸어주도록 한다.

이 시기에는 등도 긴장이 되는데, 그 까닭은 유아가 기어다니기와 서기를 할 수 있도록 등 부위의 근육 운동을 하기 때문이다. 또한 울고, 이가 나고, 빨고, 다른 사람들과의 관계를 맺는 과정에서 얼굴도 긴장이 되기는 마찬가지다. 그래서 이 시기의 유아들은 특히 배, 가슴, 팔 마사지를 좋아한다.

한편 생후 7~12개월 된 유아는 운동성을 향상시키는 데 주력해야 한다. 이 시기에는 활동량이 많아져 아기마사지를 해주는 것이 쉽지 않다. 이 시기의 유아는 놀이 활동에 푹 빠져 마사지해주는 것을 점점 귀찮게 여기기 시작한다.

따라서 마사지를 받는 것 자체가 하나의 놀이가 될 수 있도록 활동량이 많은 유아에게 적합한 마사지 동작을 응용하는 것이 바람직하다. 이를테면 노래, 동시, 손가락 놀이, 이야기 등을 마사지 과정에 접목시켜 유아의 흥미를 유발하는 것이다.

그러다가 생후 1년 정도 되면, 걸음마를 하는 단계로서 아기의 다리가 긴장되기 시작한다. 그런 만큼 신체적으로도 정신적으로도 어려운 시기가 된다. 그러므로 마사지를 완강하게 거부하는 유아도 있다. 모든 신경을 걸음마와 이빨이 나오는 데 집중시켜야 하기 때문이다. 그래서 유아는 걷기에 익숙해지고 젖니가 거의 다 나오기 전까지 매우 신경이 예민해져서 짜증을 자주 부릴 수도 있다.

그러나 걷기와 치아 나기라는 일생일대의 중대한 과업을 성취한 유아는 서서히 안정을 되찾을 것이다. 유아가 점점 나이가 많아짐에 따라 마사지를 어떻게 변화시켜야 하는지에 대해서는 제12장에서 자세히 살펴볼 것이다.

짜증

처음 마사지를 받을 때 시작한 지 겨우 몇 분만 지나도 짜증을 부리는 아기가 있다. 이런 유아들에게는 마사지에 익숙해질 수 있는 시간이 필요하다. 또한 마사지를 해주는 여러분도 숨을 깊게 쉬고 긴장을 풀도록 노력해야 한다.

그러고 나면 아기가 약간 짜증을 부려도 여유 있게 받아줄 수 있을 것이다. 그러나 유아는 마사지를 받는 동안 점차 긴장을 풀게 되어, 훨씬 행복해 하며 편안함을 느껴 결국 숙면을 취할 수 있게 된다. 요컨대 마사지는 유아의 긴장을 풀어주고 자극 역치를 증가시킬 뿐만 아니라 짜증도 점차 감소시켜 줄 것이다.

만약 마사지를 하는 도중에 유아가 지속적으로 짜증을 부린다면 마사지를 잠시 중단하고 쉴 시간을 주거나 마사지 시간을 줄이는 것이 좋다. 그래서 부모도 잠시 휴식을 취하고, 아기를 어르거나 안아준 다음 다시 시작하도록 한다. 그래도 계속 짜증을 부릴 경우에는 당분간 마사지 시간을 바꾸거나, 마사지하는 신체 부위를 바꿔가면서 아기에게 맞는 시간과 방법을 파악해야 한다.

또한 실내가 쾌적하고 따뜻한지 여러분 자신이 완전히 긴장을 풀고 마음의 평정을 찾았는지 점검해 볼 필요도 있다. 아울러 아기의 짜증이 무엇을 의미하는 신호인지 세심한 주의를 기울여야 한다. 아마도 유아는 힘들었던 하루의 생활에 대해 알려 주려고 할 것이다. 그런 만큼 가스가 찼는지, 배앓이를 하는지 확인해 본 다음 아기가 보내는 신호를 간파하기 위해 최선을 다하라. 아기도 여러분에게 들려주고 싶은 말이 아주 많을 것이다.

유아가 불안해할 때

유아는 과도한 자극을 받거나 지나친 긴장을 느낄 때, 또는 피곤하거나 필요한 에너지를 충원하기 위한 휴식이나 잠이 부족할 때 짜증을 부린다. 그때마다 이 세상 모든 엄마는 아기를 도와줄 갖가지 방법들을 찾아냈다.

즉 아기가 좋아하는 자세로 안아 가볍게 흔들어주거나 이리저리 걸어 다니고 때로는 따뜻한 물로 목욕을 시켜주기도 한다. 심지어 드라이브를 시켜주는 부모까지 있다.

내가 이른바 무릎 방아라고 이름 붙인 이 마사지 동작은 인도의 어머니들이 주로 사용하는 아주 간단한 방법으로 내 아이들이나 아기마사지 강좌에 참여한 아기들에게 탁월한 효과를 나타냈다.

무릎 방아

아기를 여러분의 무릎에 엎어 누인다. 이때 아기의 배가 짓눌리지 않고 편하게 숨을 쉴 수 있도록 두 다리를 살짝 벌리고 앉는다. 또 아기의 연약한 목이 다치지 않도록 머리를 잘 받쳐주어야 한다. 담요나 수건을 두툼하게 접어 무릎에 깔면 아기의 볼이나 턱을 기대기가 한결 쉽다. 단 아기의 얼굴이 여러분의 무릎에서 절대 떨어지지 않도록 주의해야 한다. 그런 다음 따뜻함과 편안함을 느낄 수 있도록 아기의 등에 손을 살짝 올려놓는다. 그렇게 손을 올려놓은 상태에서 규칙적으로 가볍게 두드리면서, 두 무릎을 천천히 규칙적으로 살짝 올렸다 내린다. 이것을 5분 동안 반복한다.

이렇게 무릎 방아를 해주면 유아는 대부분 잠이 들거나 금세 안정감을 느끼고 짜증도 차츰 가라앉는다. 아기가 잠이 들면 자리에 눕히고 여러분의 시간을 가질 수도 있다. 인도에서 기차를 타고 가다가 자신의 무릎에 아기를 엎어 누이고 등을 토닥토닥 두드리면서 다리를

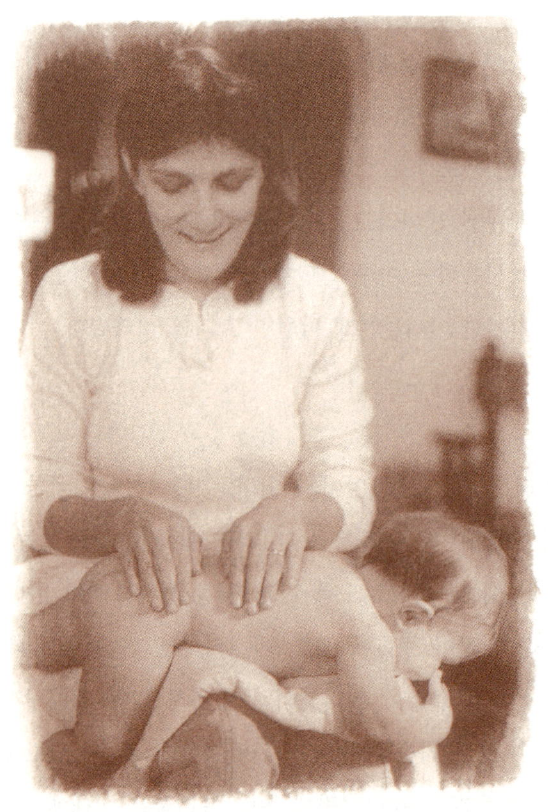

살짝 들었다 내리기를 반복하며 아기와 대화하는 인도 여자들을 종종 보았다. 그들의 모습이 참으로 행복하고 평온해 보였다. 그래서 내가 봉사 활동을 했던 고아원과 소아 전문 병원 마더 테레사 시슈 바반(Mother Teresa' Shishu Bhavan)에서도 불안해 보이는 어린아이들에게 이 무릎 방아를 해주곤 했다.

울음

언젠가 텔레비전 특집 프로그램에서 아기마사지의 시범을 보여달라는 요청을 받은 적이 있었다. 그래서 프로그램의 사회자와 내가 스튜디오로 가는 도중, 그 사회자가 이렇게 말했다. "선생님은 마사지로 10초 이내에 아기 울음을 뚝 그치게 하는 놀라운 능력이 있다고 들었어요. 오늘 그것을 보여주셨으면 좋겠네요!"

그때였다. 마침 대기실에서 온갖 재롱을 부리던 사랑스러운 생후 4개월 된 아기가 사회자를 보는 순간 걷잡을 수 없이 울기 시작했다. 하지만 나는 그 유아를 대상으로 마사지 시범을 보이지 않았다. 그 까닭은 마사지를 울음을 그치게 하는 하나의 마술로 사용한다는 것은 (만에 하나 성공했다고 할지라도) 그 유아의 감정과 신체에 대한 모독이라고 여겼기 때문이다.

그러자 사회자는 아기마사지 마술이 근거 없는 낭설이라는 결론을 내렸다. 맞는 말이다. 마술 같은 마사지란 있을 수 없는 일이다. 그러나 안타깝게도 많은 사람들은 텔레비전에 출연한 유아를 울게 그냥 두어서는 안 된다고 생각하는 듯했다.

유아기에는 자신의 불쾌한 감정을 표출하고 잔뜩 쌓인 긴장을 해소할 수 있는 방법이 우는 것 이외에 달리 방법이 없다. 분노, 공포, 고통 등 극단적인 감정들을 해결할 수 있는 여러 가지 방법들은 자라면서 점차 배우게 된다. 즉 아기는 어느 정도 자라야만 얼굴 표정, 몸짓 언어, 말을 통해 자신의 감정을 전달할 수 있게 된다.

또 일상 생활에서 스트레스가 쌓이면 산책을 하거나 여행을 떠나거나 아니면 친구와 이야기를 나눌 수도 있다. 성인도 이따금 우는 경우가 있지만, 다른 사람들 앞에서는 좀처럼 하지 않는 행동이다. 왜냐하면 울음은 사회적으로 인정받지 못할 뿐만 아니라, 스스로 약자임을 드러내는 행동이라고 배웠기 때문이다. 그런 점에서 혹시 울음에 대한 부정적인 시각이 몸에 밴 것은 이러한 유아기가 아닐까?

유아의 울음은 부모의 마음을 움직이려는 시도일까?

20세기 유아 교육의 화두는 절대 버릇없는 아이로 키워서는 안 된다는 것이었다. 다시 말해 울면 모든 것이 해결된다는 인식을 유아에게 심어주지 말자는 주장이 큰 힘을 얻었다.

유아는 부모를 교묘하게 속여 자신의 욕구를 충족시키는 데 울음을 이용하며, 이러한 행동은 도저히 용납하기 힘든 성격 특성이라는 논리적 근거까지 제시하면서 말이다.

이 주장에 따르면 결국 아기는 울음을 잘 받아줄수록 부모가 제어할 수 없는 속무무책의 독불장군으로 자란다. 그런 만큼 이러한 유아의 온당하지 않은 행동을 미연에 방지하여 일찍부터 자립심을 가르치려면, 아기가 목이 쉬도록 울다 지쳐 잠이 들 때까지 모른 척해야 한다는 것이다. 그러나 이러한 교육 방식에 반대하는 주장도 만만치 않게 제기되어 왔다. 즉 유아의 욕구는 꾸밈없는 진실이며, 우는 이유도 분명히 있다는 것이다. 실제로 유아는 부모를 교묘하게 이용할 만큼 지적 능력이 발달하지 않았다.

1970년대에 들어서면서 이러한 양육 방식에서 탈피하려는 운동이 널리 확산되었다. 그 결과 예전보다 훨씬 더 많은 엄마들이 모유를 먹이기 시작했고, 아기띠나 포대기로 아기를 안거나 업어주는 부모들도 늘었다. 물론 그 전까지는 유모차에 아기를 태워 데리고 다녔고, 유아 교육 전문가들은 가능하면 아기와 많이 접촉하고 유아의 욕구에 신속하게 반응할 것을 권장했다.

연구 결과에 따르면 자신의 울음을 외면당한 유아일수록 자립심이 부족한 아이로 성장할 가능성이 훨씬 더 크다고 한다. 특히 서양 이외의 문화권에서는 이러한 변화가 아주 두드러지게 나타나고 있다. 국제 교류가 활발해지면서 서양 사람들은 이른바 아직 현대식 사고 방식에 물들지 않은 문화권의 양육 방식을 좀더 자세히 살펴볼 수 있는 기회를 얻게 된 셈이었다.

그러나 안타깝게도 서양에서는 그 폐해가 자못 심각하다. 예전에는 죄책감을 느껴 옆방에서 눈물을 흘리며 아기가 혼자 울도록 내버려두었던 엄마들도 이제는 울음소리가 나기 무섭게 곧바로 아기에게 뛰어간다. 그러면서도 확신이 서지 않는다. 즉, 아기의 울음을 받아주어야 하는지 절대로 허용해서는 안 되는 것인지 여전히 갈피를 잡지 못한다. 최근에는 아기의 욕구를 곧이곧대로 받아주면 응석받이로 키우기 십상이며, 따라서 부모 방식대로 키우거나 통제해야 한다는 양육 방식 쪽으로 시계추가 이동하고 있다. 하지만 양육 방식의 변천 과정이 어찌됐든 부모들은 유아가 왜 우는지에 대한 본질적인 문제를 간과하고 있다.

사실 성인들도 이따금은 울고 싶어질 때가 있지 않은가? 울음은 감정을 정화시키는 작용을 하기도 한다. 누군가의 포근한 품에 안겨 울 때는 더더욱 그 효과가 크다. 그런데 나는 유아의 감정도 성인의 공포, 슬픔, 좌절 못지 않게 심각하다고 확신한다.

왜냐하면 그간의 아기마사지 강좌나 다른 나라에서 보았던 수많은 유아들을 통해, 그것이 진정제이자 감정의 정화제가 될 수 있다는 사실을 분명히 알게 되었기 때문이다.

그런데도 응석받이로 키워서는 안 된다고 철석같이 믿었던 시대에 자란 부모들은 유아의 울음을 어떻게 해석해야 옳은지 혼란스러워 한다. 그래서 아기가 울면 걱정부터 하고, 잔뜩 긴장해서는 금세 그쳐주기를 바란다. 더욱이 아기의 울음이 지속되면 두려워한 나머지 끝내 화를 내고는 요람에 혼자 눕혀두고 모른 척하게 된다. 그러면서 한편으로는 아기도 울도록 내버려두는 나쁜 엄마라는 죄책감에 시달린다.

한편 전반적인 사회 분위기도 울음에 대해 부정적인 시각을 강화시킨다. 공적인 장소에서 아기가 조금만 시끄러운 소리를 내도 지나치게 예민한 반응을 보이며 못마땅한 표정으로 그 부모들을 비난하는 사람들이 많기 때문이다. 그러면 창피를 당한 부모는 큰 소리로 아기를 꾸짖거나 아기 대신 사과를 하고 그들만의 안전한 집으로 도망친다.

결국 육아에 대한 사회적인 지원 부족, 경제적 부담, 가족의 유대감을 소홀히 여기는 가치관 때문에, 대다수의 젊은 부모들은 자신들의 확실한 육아 철학이 있으면서도 극도의 스트레스에 시달릴 수밖에 없는 것이 현실이다.

사실 부모들 중에서 우는 아기를 창문으로 집어던져 버리고 싶은 끔찍한 생각이 들지 않은 사람이 과연 몇이나 될 것이며, 어떤 때는 이성을 잃고 우는 아기를 마구 뒤흔들거나 고함을 지르지 않을 사람은 과연 몇이나 되겠는가? 그런 만큼 만약 여러분이 이런 감정에 휩싸이게 된다면 배우자에게 아기를 맡기고 잠시 조용한 곳으로 가서 제한적 복식 호흡을 하며 불안정한 감정을 해소하는 것이 좋다.

깊은 좌절감 때문에 울고 싶을 때, 실컷 우는 것도 효과가 있다. 우리는 울음을 부정적인 감정과 스트레스를 정화시키기 위해 인간이 사용하는 한 방법이라는 사실에 주목하고 있다. 그러니까 우리는 이따금 우는 것도 괜찮은 일이며, 제아무리 울음이 긴 사람이라도 끝내는 그치게 마련이라는 것, 그리고 그렇게 실컷 울고 나면 안정을 되찾게 되며, 특히 가족이나 친구가 우는 사람의 심정을 헤아려주고 사랑으로 감싸주면 가슴을 억눌렀던 온갖 시름을 말끔히 씻어낼 수 있다는 것을 인정해야 한다.

성인들과 마찬가지로, 유아들이 우는 이유도 갖가지다. 그러나 불행히도 우리는 유아의 생각이나 감정을 쉽게 알아낼 상황이 마련되지 않았다. 사람들 대부분이 비통한 울음을 인식하면서도, 다른 사람들의 울음과 짜증을 자신의 불안감과 경험으로 걸러내서 해석하기 때문이다. 어쩌면 모든 울음을 똑같이 취급하고 똑같은 방식으로 대응하는 기계적인 태도를 취함으로써, 완전히 무시해버리거나 그치게 하는 것이 훨씬 더 편할지도 모른다. 그러나 일반적으로 유아들은 부모의 태도에는 관심이 없으며, 부모의 편안함을 배려할 만한 능력도 없다. 오로지 미지의 세상을 잘 헤쳐나갈 수 있도록 자신을 확실하게 도와줄 수 있는 어른을 필요로 할 뿐이다.

그런 만큼 일일 아기마사지는 아기의 몸짓 언어, 비언어적 신호, 다양한 울음을 직접적으로 느낄 수 있는 기회이므로 유아의 옹알이를 이해하는 데 큰 도움이 된다.

그런데 유아의 언어를 세심하게 경청하는 일은 어린이나 성인의 말을 잘 듣는 것과 크게 다르지 않다. 다른 사람의 말을 경청하는 데는 일체감, 진정한 사랑, 상대방에 대한 존중심이 필요하기 때문이다. 그럼에도 우리가 아기의 언어를 알아듣기 힘들어하는 것은, 아마도 우리가 갓난아기였을 때 겪었던 숱한 좌절과 감정이 제대로 전달되지 못한 데 있을 것이다.

그래서 아기가 울면 무슨 말을 하고 싶어하는지에 대해 진정으로 관심을 갖기보다는 자기 자신 속에 잠재된 유아기의 경험을 되살려낸다. 아기를 조용히 시켜야 한다는 걷잡을 수 없는 충동에 사로잡히는 것이다. 따라서 그때 우리 자신의 울음이 제지당했던 것과 똑같은 방법으로 아기의 울음을 그치게 만든다.

그러나 자신의 울음을 제지당하지 않고 관심을 받은 유아는 점차 자라면서 우는 횟수가 줄고, 우는 시간도 짧아진다는 연구 결과도 있다. 또 울음은 긴장과 흥분을 억제하는 호르몬을 생성시킨다. 그러므로 울음은 고통이나 불편함을 표현하는 수단일 뿐 아니라 본능적인 스트레스 관리법이자 치유 기제이기도 하다. 그런 만큼 부모가 이를 느긋하게 받아준다면, 아기는 스스로 자신의 스트레스 수준을 조절함으로써 훨씬 더 편안하고 스트레스가 없는 어린이, 성인으로 성장할 수 있을 것이다.

아기의 언어를 경청하는 방법

마사지를 할 때 아기가 칭얼거리거나, 짜증을 부리며 울기 시작하면, 다음과 같은 방법을 활용할 수 있다. 첫째, 길고 서서히 심호흡을 하면서 온몸의 긴장을 푼다. 그러면 숨이 막힐 것 같던 답답함이 가라앉을 것이다.

둘째, 자신의 내부에 잠재된 유아기의 경험을 잊도록 노력한다. 아기의 언어를 진정으로 경청하려면, 먼저 여러분 자신을 잊고 아기가 우는 이유가 무엇인지 파악하기 위해 애써야 한다.

셋째, 최대한 아이와 눈을 맞추도록 노력한다. 만약 아이가 눈길을 피한다면, 부드러우면서도 힘있게 여러분의 손을 아기의 몸에 올려놓고, 그 손을 통해 여러분의 의지를 전달하도록 노력한다. 즉 부드러운 음성, 따뜻한 시선과 손을 통해 여러분의 사랑을 전달함으로써, 아기가 하고 싶은 말을 듣고 싶다는 뜻을 알려주는 것이다.

긴장을 최대한 풀고 아기의 욕구를 해결해 주도록 노력하며 아기 곁에 있도록 한다. 다시 말해 아기의 몸짓 언어를 세밀히 살피면서 아기가 하고 싶어하는 말을 잘 감지하고 들어주도록 노력해야 한다. 특히 아기가 눈과 입으로 하려는 말을 잘 새겨 보아야 한다.

그래서 자신이 하고 싶은 말이 제대로 전달되었다는 반응을 보이면, 포근하게 안고 기분 좋게 흔들어주거나 걸어다니면 아기가 마음을 진정시키는 데 도움이 된다. 이렇게 자신의 욕구를 항상 세심하게 배려해 준다는 것을 느낄 때, 아기는 잠을 잘 자며 부모에 대한 신뢰감도 커질 것이다.

결국 부모는 아기가 하려는 말에 진정으로 관심을 보임으로써 아이의 심리적 욕구까지 해결해 줄 수 있다. 그러한 부모의 행동에는 "너는 존중받을 자격이 있어. 너의 모습 하나하나가 모두 소중해"라는 메시지가 포함되어 있기 때문이다.

한편 이런 메시지를 받은 아기는 온몸의 긴장을 풀게 된다. 뿐만 아니라 그 메시지가 아기의 마음에 사랑의 꽃을 피움으로써 언젠가 다른 사람들에게 그 사랑을 나누어줄 사람으로 성장하게 한다. 아기는 자신에게 사랑을 베푼 부모를 본받을 것이기 때문이다. 그래서 자신이 도움을 필요로 할 때 부모가 곁에 있어주었던 것처럼, 아이도 자라면 다른 사람들 곁에서 그들을 정성껏 도와줄 것이다. 사랑 받으며 자란 아이가 사랑을 베푸는 법이다.

9 유아가 아프면 어떻게 마사지를 해주나

어머니가 아기 곁에 앉아 있다고 해서

아기의 고통과 두려움을 알 수 있을까요?

아니오, 아닙니다. 그럴 리 없지요

절대로 그럴 리가 없습니다!

- 윌리엄 블레이크

유아가 아플 때 하는 마사지는 아기의 마음을 편하게 해준다. 통증, 열, 가슴 답답증, 후두염과 천식으로 인한 호흡 곤란 등의 병세를 완화시킬 수 있다. 물론 병세가 심할 때는 주치의와 상의하는 것이 좋다.

열이 날 때

아기가 열이 날 때는 마사지의 기본 동작을 활용한다. 다만 마사지 오일을 사용하지 말고 손에 미지근한 물을 적셔 아기의 몸을 쓸어주는 것이 좋다. 즉 손에 따뜻한 물을 적신 다음, 가슴에서부터 손끝 발끝까지 살살 문질러 준다. 그러면 체내의 열이 피부를 통해 증발되기 때문에 열이 내린다. 그래도 계속해서 열이 날 때는 주치의의 진료를 받는 것이 좋다. 이 방법은 우리 아이가 중이염을 앓았을 때 주치의에게 배운 것이다.

가슴 답답증

아기가 가슴이 답답해 할 때는 다음과 같이 마사지를 해주는 것이 좋다. 먼저 손에 마사지 오일을 따른 다음, 유칼리 기름이나 박하 기름을 한 방울 섞어 가슴 마사지 방법과 똑같이 해주면 된다. 아기의 몸을 약간 모로 세우고 머리를 앞으로 수그린 다음, 둥근 테가 있는 작은 컵(감기약 용기의 뚜껑 따위)으로 가슴과 등 전체를 눌렀다가 떼어낸다. 그러면 기침을 유발하는 폐의 점액질을 체외로 끌어낼 수 있다. 아기 방에 가습기를 틀어놓는 것도 도움이 된다.

이때 주의할 것은 수증기를 타고 세균이 방출되지 않도록 가습기를 철저히 소독해야 한다. 이 방법은 후두염이나 천식을 앓는 유아에게도 많은 도움이 된다. 물론 이때도 먼저 주치의와 상의하는 것을 잊어서는 안 된다.

코 막힘

여기에는 다음과 같은 준비물이 필요하다. 코 흡입기, 점적기, 손수건, 미지근한 소금물 한 컵(온수 1컵에 소금 반 스푼의 비율로 섞음) 등이다. 먼저 얼굴, 특히 콧대 부위를 가볍게 쓸어주면 긴장이 풀리면서 혈액 순환이 좋아지고, 뭉쳐 있던 점액질도 분해된다.

이때 두 콧구멍에 미지근한 소금물을 한 방울씩 떨군다. 그런 다음 흡입기를 조심스럽게 코 속에 끼워 넣는다. 흡입기를 서서히 눌러 그 콧속에 있는 점액질을 빨아내면서 손수건으로 닦아준다. 미지근한 소금물은 코로 천천히 흘러 들어가 한데 뭉쳐 있는 점액질을 용해시킨다. 콧속에 소금물을 넣으면 아기가 조금 힘들어할 테지만, 응결된 점액질을 흡입하기 위해 약물을 사용하는 것보다 소금물을 이용하는 것이 안전하다. 유아의 체내 항체가 감기 바이러스에 대항하여 병을 물리치면 점차 면역 기능이 향상되기 때문이다. 다 끝마친 다음에는 아기를 편안하게 안아주고 젖을 준다. 주의할 것은 한 번 사용한 기구는 모두 삶아 철저하게 소독해야 한다.

체내가스와 배앓이

아기는 가스가 차서 고통스럽거나 피곤하고 기운이 없음을 울음으로 표시할 때가 있다. 사실 가스가 체내에 가득 차서 방출되지 않으면 불편한 것은 물론 심한 통증을 느끼게 된다. 더욱이 제대로 발달되지 않은 유아의 장은, 장 기관의 활동을 촉진시켜 줄 만한 자극이 필요한데, 이때 아기마사지를 해주면 아주 좋다.

오랜 세월 동안 배앓이와 그 원인을 규명하기 위해 많은 노력을 기울였다. 우리는 흔히 아기가 울 때 대충 뭉뚱그려 배앓이 하는 것으로 간주하지만, 사실 이 배앓이는 얼마동안 격렬한 복통을 느끼는 경우에 해당되는 말이다. 정말 배앓이가 심한 아기는 온몸이 뻣뻣하게 경직되며, 통증이 심하기 때문에 살짝 건드리기만 해도 참기 힘들어한다.

가스가 그다지 많이 차지 않았을 때는 아기가 고통스러운 듯이 다리를 쭉 뻗으며 울다가 이내 가스를 방출시키는 경우가 있다. 때로는 아기를 안고 걸어다니거나 가볍게 흔들어줄 때 가스가 자연스럽게 방출되는가 하면, 한바탕 곤혹을 치러도 진정되지 않는 경우가 있다. 지난 몇 년 동안, 나는 소아과 의사와 함께 배앓이가 심한 아기를 진료해 주었다.

그칠 새 없이 울어대는 아기에게 시달리며 며칠씩 잠도 제대로 못 잔 부모는 무능한 자신에게 절망한 나머지 이렇게 말하곤 했다. "우리 아기가 절 싫어하나 봐요." "전 무능한 부모인 것 같아요. 아무리 해도 아기를 달랠 수가 없으니까요." 이렇게 말하는 부모들은 안아주거나 쓰다듬어준 것이 아니라 아기를 홀로 두었던 것이다.

그러나 아기의 배 부위를 마사지해주면 긴장을 풀어주며 가스를 방출시키도록 도와줄 수 있다는 설명과 함께 시범을 보여주자. 자신들의 생각이 잘못되었음을 깨달았다. 나는 이 부모들에게 긴장을 푸는 방법을 가르치기 시작했다. 그로부터 2주일 동안 날마다 규칙적으로 배 마사지를 해주면서 놀라운 성과를 얻었다.

이렇게 일일 마사지를 실시하자, 아기가 마사지를 하는 동안이나 그 직후에 가스를 방출하게 되면서 잠자는 시간이 훨씬 더 길어지고 우는 시간이 많이 줄어드는 성과를 얻은 부모들은 아주 자신만만해지고 아기를 대하는 태도 또한 긍정적으로 바뀌고, 더욱 친밀감을 느끼기 시작했다. 마사지는 가스 때문에 가벼운 고통을 겪는 아기에서 격렬한 배앓이를 하는 아기까지 모든 아기의 장 기능을 원활하게 해준다. 또한 잔뜩 쌓인 스트레스를 풀어주고, '가볍게 토닥여주기'와 '손 올려놓기' 기법을 사용하면 아기가 이완하는 법을 익히도록 이끌어줄 수도 있다.

배앓이 완화를 위한 마사지

먼저 부모가 긴장을 풀어야 한다. 가스나 배앓이로 고통스러워하는 아기를 돌본다는 것 자체가 여간 힘든 일이 아닌 데다, 다른 스트레스까지 겹치면 신경이 날카로워져 쉽게 짜증이 나기 때문이다. 물론 아기가 불편해 하는 것은 부모의 잘못이 아니다. 하지만 부모는 아기가 편해지도록 도울 수 있다. 아기의 감정을 충분히 배려하면서 울음소리를 잘 들으면 되는데, 그로써 아기가 편안해질 수 있도록 도와주어야 한다.

배앓이를 하는 유아는 아래와 같은 방법으로 두 주일 동안 하루 두 번씩 마사지를 해주면 효과를 얻을 수 있다. 보통 마사지보다는 여기에 소개하는 방법대로 하는 것이 훨씬 더 바람직하다.

다시 말하면 배앓이가 심한 유아에게 두 주일 동안 하루 두 번씩 배앓이 완화를 위한 마사지를 해주면 일반 배 마사지는 하지 않는 것이 더 좋다. 왜냐하면 2주일 동안 배앓이 완화를 위한 마사지에서 겪게 될 불쾌감을 자칫 모든 일반 마사지와 연상시킬 우려가 있기 때문이다.

배앓이를 완화시키기 위한 마사지를 할 때는 마사지 동작의 횟수와 무릎을 굽힌 자세를 그대로 유지하는 시간을 정확하게 확인해야 한다. 그런 다음 '가볍게 토닥여주기' 기법을 이용하여, 부드러운 음성으로 이야기를 하고 따뜻한 손길로 쓸어주며, 기분 좋게 흔들어주거나 가볍게 토닥여주면서 아이가 긴장을 풀도록 도와준다.

다만 무릎 굽히기 자세를 할 때 너무 힘을 주어 다리를 누르면, 자칫 배를 압박해 아기가 숨을 못 쉴 우려가 있기 때문에 주의해야 한다.

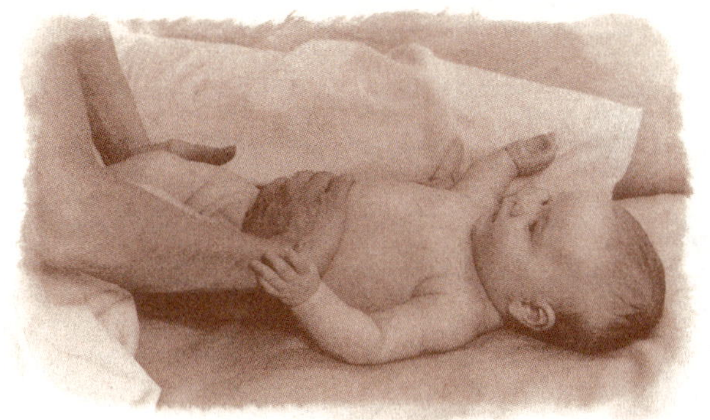

1. 손 올려놓기

여러분의 긴장을 완전히 풀고, 아기가 짜증을 부리고 울지라도 마음을 진정시킨 뒤 아기의 배에 여러분의 손을 올려놓는다. 

2. 물레방아 돌리기 1단계

물레방아 날개가 돌아가듯이 손을 번갈아 가며 아기 배를 여섯번 쓸어준다.

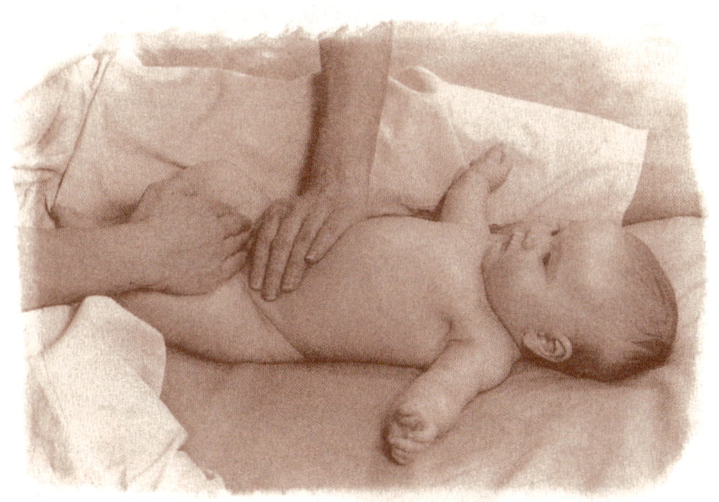

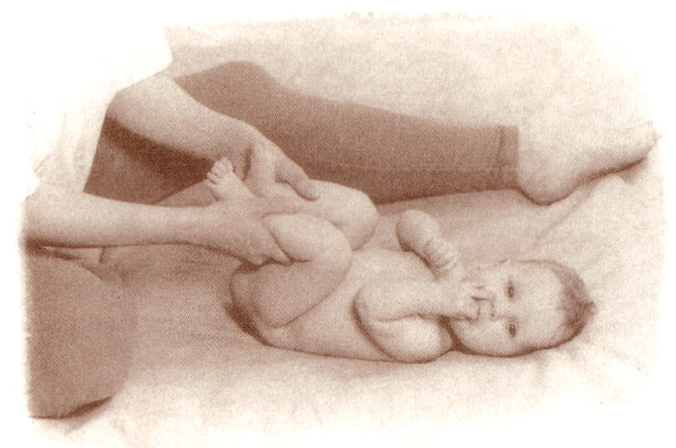

3. 무릎 굽혔다 펴기

아기의 두 무릎을 잡고 배까지 밀어 올린 다음 30초 동안 그 자세를 유지한다. 

4. 가볍게 토닥여주기

아기가 긴장을 풀고 편안해질 수 있도록 다리를 가볍게 토닥여준다. 

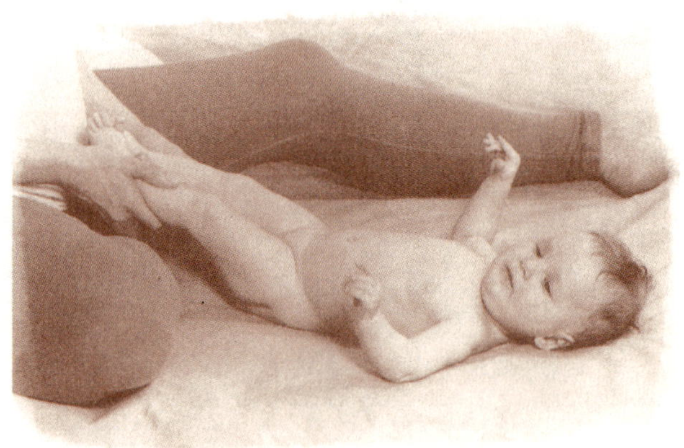

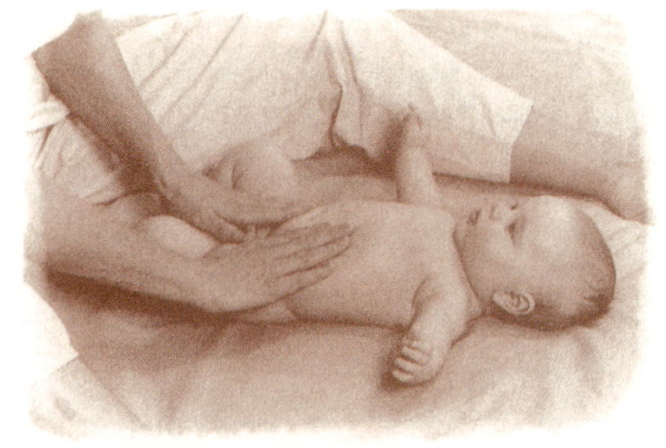

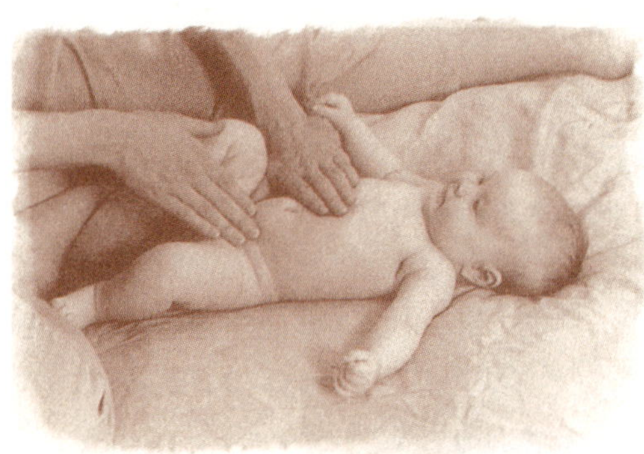

5. 해와 달 만들기

배 부위에 해 모양과 반달 모양이 생기도록 두 손을 번갈아 가며 6번 쓸어준다.

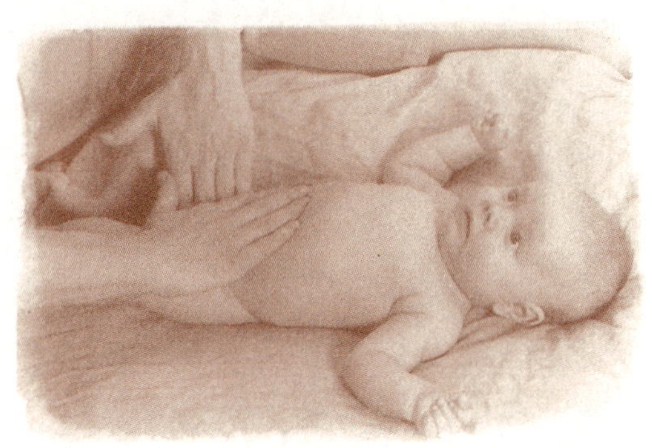

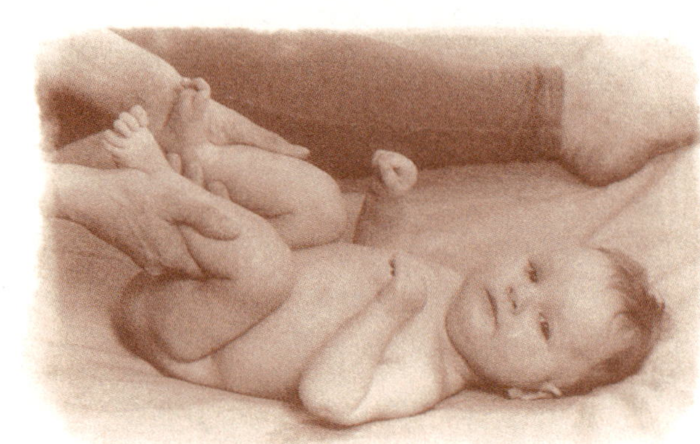

6. 무릎 굽혔다 펴기

위의 3번과 동일하게 실시한다.

7. 가볍게 토닥여주기

위의 5번과 동일하게 실시한다.

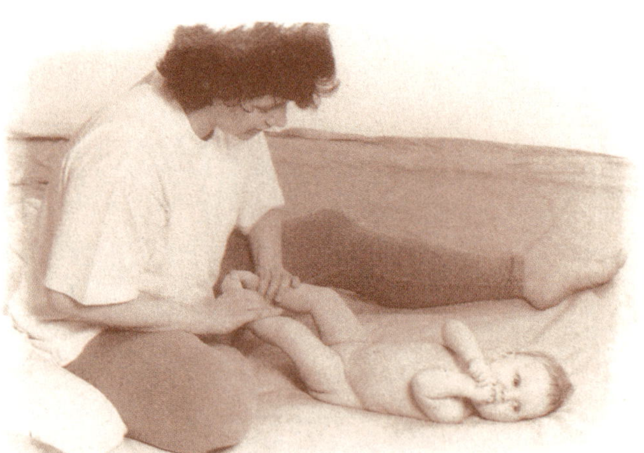

위의 전 과정(1~7까지)을 3번 반복한다. 아기가 반응을 보이는 데는 며칠이 걸릴 수도 있고, 마사지 첫날 가스를 방출하는 경우도 있다. 그러나 분명한 것은 유아의 장 기능은 훨씬 더 원활해진다는 사실이다. 따라서 언제든지 아기가 고통스러워 할 때는 가볍게 마사지를 해주면 체내에 들어 있던 가스를 방출시키도록 도와줄 수 있다. 배앓이는 여러 가지 원인이 있을 수 있으므로 모든 유아들이 똑같은 효과를 얻지는 못한다. 그런 점에서 최근 들어 많은 소아과 의사들은 심한 가스나 배앓이 때문에 고생하는 유아를 둔 부모들에게 약물 치료를 하기보다는 아기마사지 강사에게 도움을 얻을 것을 권장하고 있다.

생후 3개월 된 매슈의 어머니 페니는 배앓이로 고통스러워하는 아들을 속수무책으로 보고만 있던 어느 날, 소아과 의사에게 마사지 요법을 소개받고, 나에게 연락을 해왔다. 처음 페니와 매슈 모자를 만났을 때, 배앓이 때문에 아들은 아들대로, 엄마는 엄마대로 지칠 대로 지친 탓인지 서로 사이가 안 좋아 보였다.

페니의 설명은 이러했다.

"매슈는 제가 마사지를 해주기 2주일 전까지만 해도 배앓이가 몹시 심했어요. 그런데 마사지를 해주면서부터 조금 진정되는 것 같았습니다. 그러더니 이제는 전혀 배앓이를 하지 않아요. 지금은 아주 성격이 밝아졌지요. 아들은 저를 믿고, 저 또한 아주 편안해졌습니다."

이제 이 두 모자는 서로 눈을 맞추고 재미있게 놀 뿐만 아니라, 매슈는 마사지 받기를 몹시 좋아하게 되었다. 심지어 얼마간 고통이 따르는 배앓이 완화를 위한 마사지를 해줄 때도, 자신이 엄마에게 어떻게 협조해야 하는지 아는 듯했다. 위에서 설명한 전 과정을 한 번 할 때마다 매슈는 얼굴을 찡그린 채 '끙' 힘을 주고 가스를 방출했으며, 가볍게 토닥여주기에도 제대로 반응을 보였다.

이밖에도 따뜻한 물로 목욕을 해주거나, 글리세린 좌약, 식이 요법 등도 유아의 배앓이를 진정시키거나 가스를 방출시키는 데 효과가 있다. 만약 모유를 먹인다면, 토마토, 초콜릿, 카페인과 같은 자극성 음식이나 가스를 유발하는 콩과 야채를 섭취하지 않는 것이 좋다. 때로는 우유, 콩 발효 식품, 밀가루 음식도 배앓이를 일으킬 수 있다. 따라서 엄마와 아기 모두가 이런 음식을 먹지 않은 다음에 아기에게 어떤 변화가 일어나는지 알아보는 것도 한 방법이 될 수 있다.

몹시 고통스러워하는 아기를 본다는 것은 부모로서 견디기 어려운 일이므로 정신적으로나 육체적으로 기진맥진하기 십상이다. 18개월 된 마이클의 어머니 메리는 그때의 심정을 이렇게 토로했다.

"마사지를 해주면서 아들의 배앓이가 줄어드니까 내 마음이 그렇게 편할 수가 없더군요. 전 아들이 태어난 지 2주일이 지나면서 마사지를 시작했는데, 가스 때문에 고통스러워하던 마이클이 일주일쯤 지나자 효과가 나더라구요. 그래서 한밤중에 깨어 울 때마다 마사지를 해주곤 했어요. 그랬더니 일주일도 채 되지 않았는데, 마사지를 시작하면 이내 아들이 긴장을 풀기 시작하더군요. 그리곤 곧 가스를 내보내고 진정이 되니까 마사지가 끝나기 전에 잠이 들 때도 있었죠. 저의 잠 잘 시간이 많아진 것은 두말 할 것도 없고, 아들을 위해 무언가 해줄 수 있다는 것이 정말 기뻤습니다. 지금은 말을 할 만큼 컸는데도, 무언가 불편하고 긴장을 할 때면, 저는 가볍게 마사지를 해주죠. 그럼 금세 편안해 합니다. 만약 아기마사지를 몰랐다면 아들은 물론 온 식구들이 큰 고통을 겪었을 거예요."

우리 맏이도 갓난아기였을 때 배앓이가 무척 심했다. 이때 나는 요가 기법과 아기마사지 치료사에게 배운 방법을 바탕으로 배앓이를 완화시키는 마사지를 개발했다. 이 방법으로 마사지를 시작한 지 2주일 만에 우리 아들의 배앓이는 해소되었다. 그런데 아들은 그때의 경험을 기억하고 있었다.

말을 하기 시작하면서 가스가 차서 고통스러우면 배를 마사지해 달라고 부탁하곤 했다. 또한 다리를 주무르기 전과 무릎을 배 위로 올리는 것까지 기억하고 있었다. 이 방법은 성인에게도 효과가 있다. 요가 수행가들도 바스트리카사나(bhastrikasana), 즉 풀무 자세를 취할 때 이와 비슷한 방법을 사용하는데, 이 방법은 장 기능을 원활하게 해줌으로써 소화 흡수와 배설 작용을 촉진시키는 효과가 있다.

배앓이를 하는 아기를 둔 부모들이 받는 스트레스는 이루 말할 수 없이 크므로 자칫 부정적인 사고와 좌절감에 빠지기 십상이다. 그러나 이런 절망감에 휩싸인 사람도 사랑스런 손길로 쓰다듬어주고 보살펴주면 배앓이의 고통을 덜어줄 수 있다.

우리의 아기도 예외는 아니다. 마사지는 아기를 도와줄 수 있는 방법일 뿐만 아니라 여러분에게 부모로서의 자신감과 자긍심을 심어줄 수 있는 육아 방법이기도 하다. 마사지는 부모에게는 더 좋은 부모가 될 수 있는 기회이며, 아기에게는 안정감을 주어 우는 횟수를 줄이고, 깊은 잠을 자게 하며, 부모와 깊은 유대감을 형성할 수 있는 기회가 된다. 그런 만큼 마사지는 시도해볼 만한 가치가 충분하다.

InfantMassage

10 미숙아를 위한 마사지

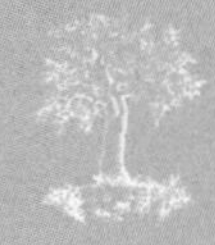

어머니, 이런 상상을 해봅니다.

우리가 낯설고 위험한 나라를

함께 여행하고 있다고.

타고르

우리는 아기가 태어난 바로 그 순간부터 따뜻하게 안아주는 것이 얼마나 중요한지 잘 알고 있다. 그래서 부모와 유아의 유대감을 형성하는 데 더없이 소중한 처음 몇 시간과 몇 주일 동안 다른 사람들의 방해를 받지 않기 위해 세심한 계획을 세우기도 한다.

그러나 정작 아기가 이 세상에 태어나면, 그토록 정성을 들여 짜놓은 계획들은 흔적도 없이 사라진다. 조용하고 따뜻하며 즐겁게 맞이하려던 소망은 생각지 못한 일종의 폭력으로 대치된다. 그것은 아기의 생명을 유지시켜주는 한편, 부모에게는 엄청난 좌절감을 맛보게 하는 무지막지한 폭력이다.

부모는 헤어나기 힘든 고통의 악순환에 내몰린다. 충격, 부정(때때로 건강한 모습보다는 병원에 입원해 있는 아기 모습에 시달리기도 한다), 죄책감(도대체 어떻게 이런 일이 생기도록 만들었지?), 분노(아기, 배우자, 의사나 간호사, 운명에 대한), 우울증(이것은 때때로 아기에게 거리감을 갖게 한다), 조건부 협상(만약 아기가 잘 하기만 한다면 최고가 부모가 될 테다), 공포 등이 시시때때로 엄습하는 것이다.

그러나 부모들이 이런 부정적인 감정과 다양한 변화를 겪는 것은 자연스런 현상이며, 아기를 출산한 이후로 오랫동안 되풀이 될 수도 있다.

또 부모들이 이런 초기의 충격에서 벗어나는 시기는 저마다 다르다. 대부분의 부모는 결국 이런 상황을 받아들여 아기가 유아기를 잘 헤쳐나가도록 도움으로써 유대감을 형성할 수 있는 방법을 모색한다.

그렇다면 미숙아의 경우는 어떠할까? 유아 스스로 충격, 고통, 공포, 자폐의 악순환을 겪는 데다, 성인들이 생명을 구하려고 애쓰는 와중에도 감정과 정신을 지닌 한 인간으로서의 존중받지 못하는 수도 있다. 이런 취급은 가끔 그 정도가 지나쳐서 결국 유아를 대상화하고 부모와 유아, 유아와 유아의 세계 사이에 정서적 쐐기를 박는 결과를 초래하고 만다.

실제로 미숙아가 인간과 처음으로 접촉하는 것은 고통에 다름 아니다. 즉 주사바늘, 튜브, 무성의한 손놀림, 밝은 불빛 등 따뜻한 보호막이었던 자궁과는 모든 다르다. 그런 만큼 갓 태어난 아기를 돕고 유대감을 형성하기 위해 부모가 가장 먼저 할 수 있는 일은 아기를 포근하게 감싸주는 것이다.

경이로운 사랑의 표현은 아기는 물론 부모에게도 신체적으로나 정신적으로 상처를 치유하는 데 도움이 된다. 그리고 아기가 태어난 뒤로부터 처음 몇 주일 동안 겪게 될 고통도 부모가 자제심을 발휘하면 최소로 줄일 수 있다.

많은 연구 결과에 따르면 한결 같은 부모의 손길을 느끼며, 부모의 음성을 들은 미숙아는 신체적 발육과 정신적 발달이 급속도로 향상된다고 한다. 신생아 중환자실의 수간호사인 주디스 탈라바는 미숙아를 간호하는 방법의 일환으로 일일 마사지와 안아주기를 실시했다. 요즘은 전세계 많은 병원에서 이 방법을 활용하고 있다. 탈라바는 이렇게 말한다.

"발달된 의술 못지 않게 중요한 것은 미숙아를 더없이 소중한 인간으로 받아들여줄 부모의 사랑이 필요하다는 것을 마사지를 하면서 깨닫게 됩니다. 우리 신생아 중환자실에 있는 미숙아의 부모들은 산소농도나 체중 증가, 우유 섭취량보다 아기를 쓰다듬어주고 마사지해 주는 데 더 큰 관심을 기울이죠."

그 신생아 중환자실에 입원한 미숙아들은 마사지에 긍정적인 반응을 보이고 있다고 설명하면서 탈라바는 근육 수축과 피부 접촉을 회피하는 행동이 줄어들고 있다고 덧붙였다. 또한 많은 미숙아들이 가사 상태에 빠지는 횟수도 훨씬 줄어들었다고 밝혔다.

티파니 필드 박사는 마사지가 미숙아에 미치는 효과에 대해 누구보다 광범위한 연구를 수행하고 있다. 필드 박사의 연구를 통해, 날마다 규칙적으로 마사지를 받은 미숙아에게서 다음과 같은 놀라운 효과가 나타났음을 알 수 있다.

몸을 활발하게 움직이며 깨어 있는 시간이 훨씬 더 많았고, 울음이 많이 줄어들었다 또한 우울증을 유발하는 코티솔 호르몬 수치가 훨씬 더 낮아졌으며, 그냥 흔들어주는 것보다 마사지를 받은 이후에 훨씬 더 빨리 잠이 들었다는 것이다. 또 6주일 동안 꾸준하게 마사지를 받은 미숙아는 체중이 증가했고, 정서성, 사회성, 진정성에 대한 기질 시험 결과가 향상되었다. 그리고 소변으로 인한 스트레스 호르몬이 감소되었으며, 생득적인 뇌 고통 완화제인 세로토닌의 수치가 증가했다. 그 결과 이 미숙아들은 예정보다 훨씬 빨리 퇴원하게 되어, 부모는 물론 병원과 보험회사는 수천 달러를 절약한 셈이었다.

병원에입원해있는 미숙 아의 마사지

미숙아들은 따뜻한 사랑이 담긴 두 손으로 감싸주는 느낌을 아주 좋아한다. 그러나 중요한 것은 아주 천천히, 부드럽게 쓸어주어야 한다는 사실이다. 규칙적인 마사지를 시작하기 전에 미숙아의 주변 환경을 잘 둘러보아야 한다. 다시 말하면 아기의 긴장을 풀어주고, 훨씬 더 편안함을 주는 반면 공포심을 완화시켜주려면 어떻게 환경을 변화시켜야 할지를 살펴보아야 하는 것이다. 때로는 불빛, 소리, 손동작과 같은 아주 사소한 변화만으로도 커다란 효과를 얻을 수 있다.

간호사들이 아기를 제대로 보살피려면 어느 정도의 불빛이 필요하다. 대부분의 간호사들은 아기의 민감한 눈을 완전히 가리도록 한다. 예컨대 아기가 온열 치료대에 있을 때는 사방에 구멍을 낸 상자를 뒤집어서 머리를 덮어주는 것이 좋고, 인큐베이터 안에 있을 때는 윗부분에 수건을 한 번 접어서 올려두어도 좋다. 또 아기가 편안한 상태로 잠이 들면 밤낮의 변화에 적응할 수 있도록 밤에는 인큐베이터를 완전히 가려주는 것이 바람직하다.

성인 중환자실과 신생아 중환자실을 비교해보면 우리 사회가 미숙아를 어느 정도 대상화하고 있는지 쉽게 알 수 있다. 성인 중환자 병동은 더없이 조용하다. 그러나 신생아 중환자실은 큰 소리로 대화를 나누는 사람이 있는가 하면, 전화벨이 시끄럽게 울리기도 하고, 심지어록 음악까지 쿵쾅거릴 때가 있다. 게다가 인큐베이터 모니터에서 찍찍거리는 소리, 진료기록카드를 들춰대는 소리, 인큐베이터 문을 여닫는 소리까지 여러 가지 소음들이 전혀 통제되지 않고 있다. 이럴 때는 간호사들에게 말소리나 음악소리를 줄여달라고 요청하는 것이 좋다. 또한 인큐베이터 위에 문을 살살 닫으라는 알림판을 붙여놓거나, 인큐베이터 위에 수건을 올려놓으면 소음을 줄일 수 있다.

한편 아기가 편안함을 느낄 수 있는 소리를 들려주는 것도 좋은 방법이다. 열 달을 채우고 정상적으로 태어난 유아와 마찬가지로, 미숙아 역시 엄마의 음성이나 심장 박동 소리를 들으면 마음이 진정된다.

만약 여러분이 병원에 가지 못할 때는 심장 박동 녹음기를 구입하여 틀어주거나, 이따금 엄마의 목소리도 녹음하여 들려주면 좋다. 다만 녹음기를 틀어줄 때는 아기가 편안함을 느낄 수 있는 낮은 소리로 잘 맞추어야 한다.

그러나 가능하면 부모가 직접 이야기를 들려주거나 노래를 불러주는 것도 효과가 좋다. 아무런 반응을 보이지 않는 듯해도 아기는 듣고 있으며, 기억하는 엄마의 목소리를 들으면 편안함을 느낀다.

여러분에게는 아무리 사소한 동작이라도 아기는 고통을 느낄 수 있다. 따라서 아주 천천히 해야 한다. 아기를 세심하게 살펴보고 몸짓 언어에 귀를 기울이면 아기가 보내는 신호에 따라 어떤 도움을 주어야 하는지 파악할 수 있을 것이며, 의사나 간호사에게도 조언을 구하는 것이 좋다. 일시적인 호흡 곤란이나 심장 박동수 저하와 같은 고통의 신호를 보낼 때는 너무나 두려운 나머지 아기를 만져서는 안 되는 구실만 찾을 수도 있다.

그러나 많은 연구 결과를 살펴보면 어머니는 그 누구보다 미숙아의 고통을 줄여줄 수 있다고 한다. 사실 이런 결과는 그리 새삼스러울 것도 없다. 심호흡을 하고 긴장을 푼 다음 아기의 고통을 줄여줄 수 있도록 노력해야 한다. 아기를 안심시켜주고, 무슨 일이 있더라도 아기 옆에서 사랑으로 보살펴줄 것이라는 확신을 심어주어야 하는 것이다. 그리하여 아기에게 부모의 능력과 자신감을 전달시켜 주는 자세가 필요하다.

아기가 깨어 있는 시간을 잘 가늠한 다음 가장 좋은 시간에 마사지를 해주어야 한다. 또한 아기가 어느 정도의 자극을 감당할 수 있는지도 확인해야 한다. 어떤 아기는 너무나 연약하기 때문에 가벼운 접촉, 이야기, 눈맞춤 중에서 한 가지는 받아들일 수 있지만, 세 가지를 동시에 감당하기는 어렵다. 아기에게 투여되는 약물의 종류도 파악해 두는 것이 좋다. 강한 약물을 투여 받은 아기는 반응을 보이지 않을 수도 있다. 그러나 그럴 경우에도 아기는 부모가 곁에 있다는 것을 알고, 부모의 손길을 느끼고, 음성을 들으며 사랑스럽게 쓰다듬어주기를 기다릴지도 모른다.

마사지 시작

먼저 손 올려놓기를 이용해 부드럽고 따뜻함을 전달할 수 있도록 가볍게 마사지를 시작하는 것이 좋다. 이 손 올려놓기는 특히 아기가 병원에 입원해 있을 때 큰 효과를 얻을 수 있다. 아기가 퇴원하여 집으로 오면 그때부터 정상적인 마사지를 시작하는 것이 바람직하다.

보통 아기보다 훨씬 작은 몸을 두 손으로 포근하게 감싸주면, 부모의 손에 실린 힘이 전달되어 아기는 아주 편안함을 느낄 것이다. 이때 제한적 복식 호흡을 하면서 온몸의 긴장이 풀리고 따뜻해지는 것을 손으로 느끼도록 노력해야 한다. 아무리 미세한 신호라도 아기가 보내는 몸짓언어를 존중해 주는 태도가 필요하다. 의료진의 도움을 받아 아기의 몸짓 언어나 신호를 이해하도록 노력하면 마사지 도중에 휴식을 필요로 하는 시간을 알 수 있다.

아기에 대한 존중을 전달하는 것이야말로 아기마사지에서 중요한 부분을 차지한다. 그러나 유아가 자기 자신과 자신의 신체에 대한 초기 감정을 형성해가면서 보내는 신호에 반응할 때는 신중해야 한다. 이것은 아기가 부정적인 신호를 보내면 즉각 마사지를 중단해야 한다는 뜻이 아니다. 마사지를 통해 아기의 부정적인 신호를 강화시키는 것이 아니라 공포를 이겨낼 수 있도록 도와주어야 한다는 것이다.

예를 들면, 두 팔을 가슴 부위에 꼭 오므린 아기는 그 부위를 보호할 필요가 있음을 알려주는 것이다. 이때는 두 팔을 억지로 펴려고 하지 말며, 그 상태를 유지한 채로 긴장을 풀어주어야 한다. 아기가 건강해진 다음에 마사지를 할 때도 아기가 이와 같은 자세를 취하면 오므리는 방향으로 쓸어주어야 한다. 이렇게 마사지를 해준다는 것은 곧

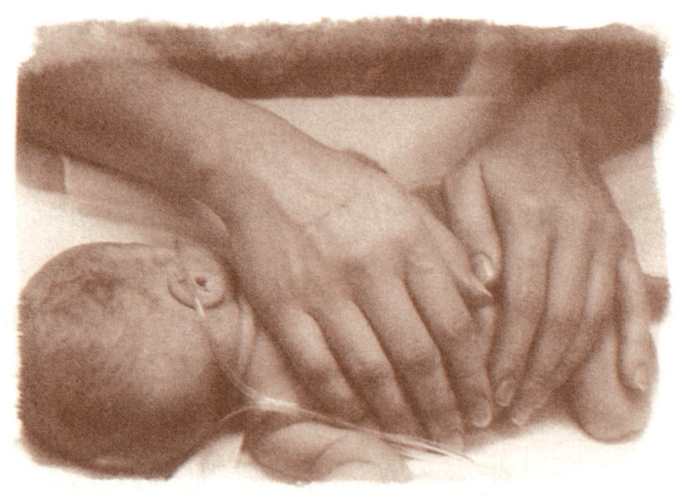

"너 자신을 지키려는 너를 보호해줄게. 엄마는 네 편이거든."이라는 메시지를 아기에게 전달하는 것이다. 물론, 여러분은 이제 충분하니 그만 두라는 신호로 받아들이고 싶을지도 모른다.

눈맞춤

아기가 부모의 눈을 처음 마주볼 때 강력한 유대감이 형성된다. 실제로 눈맞춤은 유대감을 형성하는 중요한 요소이며, 마사지를 통해 얻을 수 있는 즐거움이기도 하다. 그러나 아직 자신의 신체를 조절할 능력을 갖추지 못한 미숙아는 부모의 도움이 절대 필요하다. 심지어 아기는 절대로 눈을 맞추려 하지 않을지도 모른다. 이럴 경우에는 강렬한 불빛을 약하게 조절하고 아기 곁으로 가기 쉽도록 자세를 낮추어 주면서 아기를 부드럽게 격려해주는 것이 좋다.

그렇지 않으면 자칫 아기는 마음의 문을 닫게 되어 눈을 맞추는 능력을 상실하고 극도의 스트레스를 받게 될 것이다. 그러므로 아기가 눈길을 돌리면, 곧바로 자리를 옮겨 아기의 얼굴 앞에서 손을 흔들며 눈을 부드럽게 바라보거나 아기의 자세를 고쳐 주는 것이 좋다.

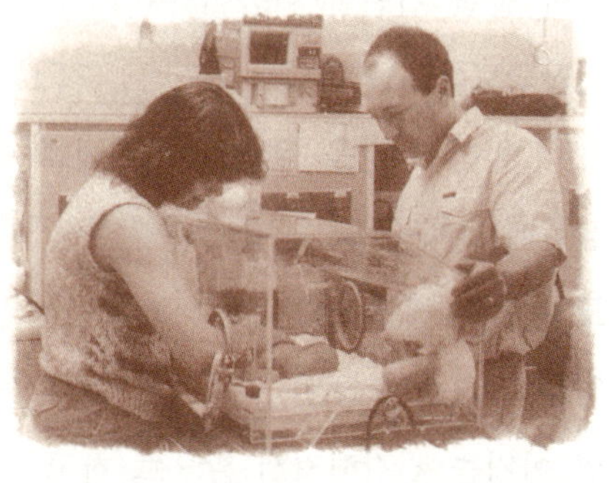

그렇게 세심한 배려를 받은 아기는 점차 자랄수록 눈맞춤

을 통해 의사소통 능력이 발달될 것이다. 그러므로 조급해하지 말고 참고 기다려주어야 한다. 기다리면서 서서히 꾸준하게 아기를 격려해 주면, 머지않아 눈맞춤을 하는 날이 올 것이며, 유대감도 점차 강화될 것이다.

통증 부위

미숙아의 신체는 상처를 입은 것이다. 때문에 아기가 고통스러워하는 신체 부위가 어디인지 잘 살펴보아야 한다. 때로는 발, 머리, 가슴처럼 매우 민감한 부위일 수도 있다. 그렇지만 인큐베이터 안에 있을 때에는 이런 부위를 관찰하기가 쉽지 않다. 따라서 손으로 이 부위를 만질 때는 다음과 같이 시작하라.

1 마치 여러분의 손바닥으로 엄청나게 값진 보석을 받치고 있는 것처럼 조심스럽게 아기의 발(머리, 가슴, 등등)을 잡는다.

2 복식 호흡을 서너 번 반복하면서 온몸의 긴장을 푼다. 긴장이 완전히 풀린 편안한 마음이 여러분의 가슴에서 팔로, 그리고 아기에게 전달되도록 노력한다.

3 발의 긴장을 풀라고 아기에게 이야기한다. 그리고 발에 고통이 심한데도 아주 잘 견디는 용감한 아이라는 사실을 확인시켜 준다. 부모가 아기 곁에 있는 것은 그 고통을 덜어주고 즐겁게 해주기 위한 것임을 알려준다. 또한 머지않아 이 고통스러운 시간은 끝날 테고, 그러면 아기는 건강해져서 앞으로 하고 싶은 일들을 하며 행복하게 살게

될 것이라고 말해준다. 그리고는 발을 앞뒤로 살살 흔들어주면서 "긴장을 풀어"나 "편하게 있어"라는 말을 해준다.

4 아기가 반응을 보이면, 잘 하고 있다는 칭찬을 해준다. 그리고 더 많은 반응을 보일 때까지 위의 과정을 매일 반복 실시한다. 그런 다음 마사지 오일로 발 부위를 가볍게 마사지해 주면서 지속적으로 용기와 사랑을 확인시켜준다.

• 스트레스 신호

어떤 전문가들은 집중 치료를 받고 있는 유아들이 스트레스를 받을 때 보내는 신호에는 공통점이 있다는 사실을 발견했다. 그렇다고 해서 이런 연구 결과가 모든 유아에게 똑같이 적용되는 것은 아니다. 의료 지식이나 여러분의 직관에 따라 여러분의 아기가 언제 어떤 신호를 보내는지 잘 파악하는 것이 중요하다. 대개 미숙아가 보내는 스트레스 신호는 피부 반점, 딸꾹질, 호흡 곤란이나 일시적인 호흡 정지, 심장 박동수 저하 등이며 시선을 피하거나 자극을 피하기 위해 얼굴 앞으로 팔을 들어올리기도 한다.

그러나 이런 신호는 가벼운 접촉이나 마사지를 중지해 달라는 것을 뜻하지 않는다. 그러므로 이럴 때는 아기가 편안하게 쉴 수 있는 시간을 준 다음, 손 올려놓기 동작부터 시작하는 것이 좋다. 그래도 아기가 지속적으로 고통스럽다는 신호를 계속 보낸다면 잠을 자면서 휴식을 취할 수 있도록 하고 나중에 다시 해야 한다. 이때 명심할 것은 아기도 제대로 보살피지 못하는 무능한 부모라는 죄책감으로 괴로워하기 보다는 긴장을 풀면서 마음을 다스려야 한다는 사실이다. 그러다 보면 아기의 자극 역치는 점차 증가되어 머지않아 더 많은 접촉과 마사지를 해줄 수 있을 것이다.

집에서 마사지 해주기

아기가 퇴원해서 집으로 오면 비로소 부모와 아기의 진정한 유대감 형성이 시작된다. 그러나 커다란 환경 변화 때문에 아기가 얼마간 퇴행 증상을 보일 수도 있다는 사실을 염두에 두어야 한다. 따라서 여러분은 처음부터 다시 시작한다는 마음가짐으로 아기의 긴장을 풀어주는 데 초점을 맞추어 서서히 마사지를 시작해야 한다.

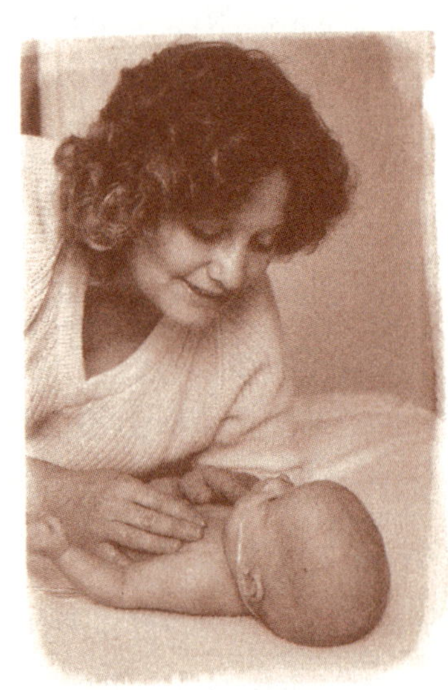

아기는 포근하고 안정적인 집이라는 환경에서 입원해 있는 동안 겪었던 여러 가지 고통과 긴장을 풀 수 있을 것이다. 물론 부모에게는 이 때가 가장 두렵고 견디기 힘든 시기일 것이다. 아기가 느닷없이 계속 울 수도 있다. 그렇게 되면 의사나 간호사들의 지나친 개입에 분개했던 예전의 마음은 온데간데없이 사라지고, 그들이 곁에 없다는 사실이 불안해질 지도 모른다. 이처럼 여러분 스스로 확신을 잃고 주저할 때는, 마치 아기가 우는 것이 "난 이곳이 싫어!"라는 신호를 보내고 있다고 생각될 수도 있다.

하지만 고통 때문이 아닐 경우, 아기가 심하게 우는 것은 건강한 감정의 표출이다. 그런 만큼 때로는 마사지를 끝낸 직후에 특히 격렬하게 울 수도 있다. 이것은 마사지가 싫어서라거나 여러분이 잘못해서가 아니다. 다만 그간 쌓였던 분노를 한껏 분출하는 방법일 뿐이다. 이럴 때는 여러분 자신의 두려움을 가라앉히고, 가만가만 토닥여주면서 아기가 원하는 대로 할 수 있도록 곁에서 도와주는 것이 좋다. 만약 우는 아기를 보고 여러분도 같이 울고 싶어진다면(이런 상황에서 울고 싶지 않은 부모가 과연 얼마나 있겠는가), 실컷 울어라.

이제 여러분은 가벼운 접촉 마사지에서 힘주어 누르는 마사지로 차츰차츰 나아갈 수 있을 것이다. 그렇지만 미숙아와 제 달을 다 채우고 태어난 아기의 마사지는 분명히 달라야 한다. 미숙아를 마사지할 때는 가장 두려움을 적게 느끼는 부위, 대개 등부터 시작하는 것이 좋다. 또한 모든 마사지 동작도 훨씬 더 작고 부드럽게 해야 한다.

제 7장에서 소개한 마사지 방법대로 하되, 약간의 수정이 필요하다. 예컨대 손 전체를 사용하는 부분에서는 손가락 2~3개로 바꾸는 식이다. 그러나 미숙아 마사지를 할 때도 두려워하지 말고 어느 정도의 힘은 주어야 한다. 여러분의 아기는 부모의 힘을 느끼고 싶어한다. 그러므로 살살 간지럼을 태우는 듯한 가벼운 손길은 오히려 아기를 짜증나게 할 수 있다.

실내를 아주 따뜻하게 하고, 아기를 감싸 안듯이 아주 가깝게 눕혀야 한다(요람 자세를 취하거나, 방석으로 아기의 몸을 지탱해 준다). 마사지 오일을 따른 다음, 손바닥을 충분히 비벼 오일을 아주 따뜻하게 해야 한다. 몇 번 마사지를 하고 나면, 아기는 오일 따르는 소리를 들으면 이내 꽃봉오리가 열리는 것처럼 자신의 몸을 활짝 열 것이다. 그렇게 아기가 차츰 마사지에 익숙해지면 부모의 사랑이 깃들인 손길을 즐겁게 받아들일 것이다.

일단 아기의 긴장이 완전히 풀리면, 생리 기관이 규칙적으로 활동하게 될 것이다. 따라서 아기가 잠자고, 먹고, 소화하고, 배설하는 생리 작용들이 두드러지게 향상되고 울음은 많이 줄어들게 된다. 아기는 삶을 받아들이기 위해 자신의 몸을 활짝 열게 될 것이다.

가능하다면, 전문적인 전신 마사지 치료사가 될 수 있도록 노력해 본다. 그러기 위해서는 마사지를 받는 아기 못지 않게 마사지를 해주는 부모도 많은 어려움을 견뎌내야 한다. 그러나 결국 부모가 자신의 긴장과 고통을 해소하면, 아기는 여러분의 손길을 느낄 때마다 훨씬 더 긍정적인 반응을 보이게 된다.

11 특수아를 위한 마사지

이웃 사람들은 몽골리안이라 부르고

의사들은 다운 증후군라고 한다

하지만 나는 그 아이를 킴이라 부른다

미아 엘름세이터/유아마사지 강사 지도자

특수아와의 유대감과 애착 형성

유대감은 상호 작용 속에서 이루어진다. 부모는 유아의 반응을 이끌어낼 수 있는 적절한 신호를 아기에게 보낸다. 그런 다음 유아가 보내는 신호에 따라 부모는 더 적극적으로 아기의 반응을 유발할 수 있도록 눈맞춤, 미소, 음성, 몸짓 언어를 사용하게 된다. 그렇지만 정신지체, 시각 장애, 청각 장애, 발달 장애를 가진 유아들은 다른 유아들처럼 이에 쉽게 반응하지 못한다. 따라서 상호 작용을 통한 일체감을 형성하는 일이 어려우며, 이는 결국 부모가 자신의 아기를 멀리하게 되는 서글픈 결과를 낳기도 한다.

게다가 일상적인 육아의 고단함 이외에도 특수아 치료 방법과 의료 지식을 익혀야 하며, 항상 신경을 곤두세우고 아기를 지켜보아야 하므로 아기를 낳은 환희의 기쁨도 잠시, 남다른 아기를 낳았다는 비통함을 겪게 된다.

자신이 낳은 아기가 특별한 보살핌을 필요로 하는 유아라는 사실을 알게 된 부모의 반응은 천차만별이다. 대개는 혼란, 부정, 죄책감, 분노, 기적이 일어나기를 바라는 마음, 절망, 이지적 사고, 수용 등으로 나타난다. 이 본능적인 감정들은 유아의 발달 단계를 하나하나 거치면서 부모와 아기가 함께 노력해 가는 동안에도 불쑥불쑥 되살아나곤 한다.

아기마사지는 특수아와 부모가 유대감을 형성하는 데 놀라운 효력을 발휘한다. 다시 말하면 생리적 기능을 원활하게 촉진시키는 것은 물론, 부모와 아기와의 상호 작용을 통한 유대감 형성에 큰 도움이 된다고 볼 수 있다.

이것은 부모가 일방적으로 아기에게 무엇인가를 해준다기보다 두 사람이 함께 하는 과정이다. 요컨대 그렇고 그런 또 하나의 치료 방법이 아니라 부모와 자식이 사랑을 교감할 수 있는 기회인 것이다. 따라서 유아의 일일 마사지는 부모와 아기의 유대감 형성을 도와주는 더 없이 좋은 방법이다. 특히 특수 치료를 받아야 하는 유아에게는 다른 아이들보다 부모와의 피부 접촉을 통해 얻는 혜택이 훨씬 더 크다.

장애를 가진 유아는 의사를 소통할 수 있는 방법이 지극히 한정되어 있기 때문에, 그런 만큼 마사지를 잘 활용하면 아기가 보내는 여러 가지 신호를 파악할 수 있다.

예컨대 몸을 만지고 쓰다듬어 주면서 아기가 긴장하고 있는지 편안해 하는지 알 수 있고, 배 모양과 촉감으로 가스가 찼는지 아닌지 파악할 수 있으며, 아기가 고통스러워하는 것이 통증 때문인지 긴장한 탓인지 구분할 줄 알게 된다. 한편 생명에 지장을 주는 감염 위험성이 높은 특수아를 두었다면 늘 유아의 몸을 세밀하게 살펴야 한다. 아기의 신체와 감정에 각별히 신경 쓸수록 위험한 증세를 초기에 발견할 가능성이 더 크기 때문이다.

낭성 섬유증을 앓고 있는 엘리자베스의 엄마는 자신의 딸이 아기였을 때 아기마사지 덕을 톡톡히 보았다며 이렇게 말한다.

"처음에는 날마다 마사지를 하진 않았죠. 그런데 마사지를 꾸준히 하다보니 엘리자베스의 반응이 놀라울 정도로 좋아졌어요. 그러니 더욱 열심히 하게 되더라구요. 지금은 감기 외에는 아무런 문제가 없어요. 감기에 걸렸을 때도 마사지를 해줍니다. 복통도 그다지 심하지 않고 몸도 아주 좋아졌어요. 이제는 낭성 섬유증을 치료하는 데 집중하는 것만큼이나 아주 작고 여린 사람이라는 애틋한 정을 느낍니다. 우리는 아기마사지를 통해 기대하였던 이상으로 좋은 관계를 형성하게 되었죠. 한마디로 아기마사지는 우리 가족에게 커다란 희망을 주었답니다."

이제부터는 특별한 상황에서 마사지를 어떻게 활용할 수 있을 것인지 살펴보고자 한다. 물론 유아마다 상황이 다르고 유아가 필요로 하는 것도 저마다 다르므로 무엇이 가장 좋은 마사지 방법인지 딱 잘라 말할 수는 없다. 다만 여기서 내가 할 수 있는 것은 일반적인 마사지 활용에 대한 지식과 시작하는 방법에 대해서 알려주는 것이며, 그 다음에는 부모들 스스로 유아의 주치의와 아기마사지 전문 치료사들에게 필요한 도움을 받아야 한다.

먼저 일일 마사지를 실시하기 전에, 유아의 주치의와 마사지 치료사에게 정확한 검진을 받아야 한다. 그들의 검진 결과를 토대로 여러분의 아기에게 적합한 마사지 방법을 결정하면 한결 도움이 될 것이다. 국제아기마사지연합에서는 특수아를 위한 아기마사지 전문 치료사(CIMI)를 양성하기 위한 교육 활동을 지속적으로 수행하고 있다. 이들 아기마사지 전문 치료사의 도움을 받으면 특수아를 돌보는 데 큰 효과가 있을 것이다.

그러나 이러한 전문 지식 못지 않게 중요한 것은 바로 여러분 자신에 대한 믿음이다. 부모만큼 자신의 아이를 잘 아는 사람은 없기 때문이다. 말하자면 부모야말로 아이에게 가장 훌륭한 치료사이며, 누구도 대신할 수 없는 동반자인 것이다.

• 발달장애

뇌성마비와 같은 발달 장애는 다양한 증세를 보인다. 아기마사지 전문 치료사들은 근육의 긴장을 억제시키거나(이완) 촉진시키는(자극) 방법으로 뇌성마비를 치료한다. 억제요법은 근육의 긴장을 이완시키는 것이며, 촉진요법은 근육의 긴장을 증대시키는 것이다. 따라서 억제요법은 천천히 쓸어주기, 가볍게 흔들어주기, 부위별 마사지, 적당한 온도 유지 등이 포함된다. 반면 촉진요법에는 찬물로 닦아주기, 세게 쓸어주기, 부위별 마사지, 누르기, 세게 흔들기가 포함된다.

그런 만큼 이 책에서 소개한 마사지 동작들을 조금 수정하면 억제요법이나 촉진요법으로 활용할 수 있다. 예컨대 억제요법으로 활용할 때는 쓸어주기와 주무르기 동작을 오랫동안 서서히 하고, 촉진요법으로 활용할 때는 구령이나 노래를 곁들여 쓸어주기를 훨씬 강하게 하는 것이 좋다.

마사지 과정은 제 7장에서 설명한 것과 똑같은 순서로 하되, 다음과 같이 수정해서 적용하면 된다. 발바닥 마사지는 이따금 과도한 반응을 유발하기 때문에 다리가 경직되는 경우가 발생한다. 그러므로 발가락 밑 누르기, 발꿈치 누르기, 발바닥 누르기와 같은 마사지 동작을 할 때 이런 일이 생긴다면, 발바닥 부위를 누르는 대신 발등을 눌러준다. 가슴의 양옆으로 쓸어주기는 특히 횡격막 호흡 기능을 향상시킨다.

참고로 발달 장애를 가진 유아는 어깨를 쓸어줄 때 저항하는 신호를 보내기도 한다. 따라서 이런 유아에게 가슴 마사지를 해줄 때는 손 올려놓기로 가볍게 시작하면서, 유아의 자극 역치가 증가됨에 따라 차츰차츰 어깨부터 나비자세로 쓸어주기를 실시하는 것이 바람직하다. 또 얼굴 마사지 동작 가운데 미소 짓기 마사지는 입을 다물리게 하므로 음식 삼키는 기능을 촉진시킨다.

그래서 이 동작은 특히 침을 흘리거나 입으로 숨을 쉬는 유아들에게 도움이 된다. 또한 얼굴 마사지는 입 부위의 근육이 약한 아기들에게 언어 습득이나 음식 섭취를 미리 훈련시키는 데 아주 훌륭한 효과가 있다. 배앓이를 완화시키는 마사지를 할 때는, 무릎을 굽혀 배까지 올리되, 금방 내리는 것이 좋다. 자칫 호흡 곤란을 일으킬 수도 있기

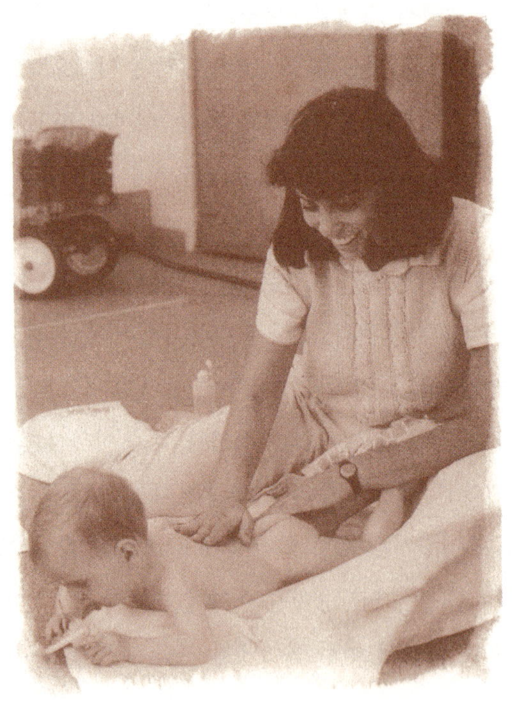

때문이다.

한편 접촉을 싫어하는 유아, 다시 말해 피부 접촉에 과민 반응을 보이는 유아는 힘껏 누르면서 쓸어주는 마사지가 큰 도움이 된다. 특히 마사지를 하기 전에 미지근한 물로 목욕을 시킨 뒤 수건으로 문질러주면 손으로 직접 마사지해주는 동작을 훨씬 잘 받아들인다.

뇌성마비 전문가에 따르면, 등 중앙에서 아래로 힘껏 쓸어주면 뇌 조직 발달에 효과가 있다고 한다. 단, 등 가운데에서 위로 쓸어주는 것은 피해야 한다. 만약 아기가 몸을 피하거나 돌릴 때는 다리나 가슴에 손 올려놓기로 시작하는 것이 좋으며, 아기마사지 전문 치료사에게 어느 부위를 어느 만큼의 힘으로 눌러야 하는지 확인해야 한다.

또 아기가 수술을 받았다면, 주치의의 도움을 받아 잡아주기나 주물러주기를 활용해 다른 신체 부위를 마사지해주면 좋다. 즉 정성껏 쓰다듬어주면 건강을 회복하는 데 큰 힘이 된다.

시각 장애

시각 장애를 가진 유아들은 촉각을 통해 세상과 교통하므로 마사지 효과가 더욱 긍정적이다. 이를 뒷받침하는 사실로서, 전문가들은 시각 장애를 가진 동물의 새끼나 인간의 유아가 모두 촉각을 이용한다는 것을 발견하기도 했다.

또 어느 연구 결과에 따르면 시각 장애가 있을지라도 촉각의 자극을 많이 받은 새끼는 정서 발달과 행동 학습에 이상이 없었지만, 촉각의 자극을 받지 못한 새끼 동물은 극도로 소극적이거나 공격적인 성격을 보였다고 한다.

이밖에도 하루에 평소보다 20분씩 더 많이 어루만져준 보육 시설의 유아들은 초기의 시각 주의력이 매우 발달했는데, 이는 곧 모든 감각 기관은 서로 연결되어 있음을 시사해 준다. 따라서 촉각 자극은 시각적 탐색 욕구를 촉진시킨다는 사실을 알 수 있다. 일례로 부모가 정서적 유대감을 형성하는 데 각별한 노력을 기울인 시각 장애아는 생후 2~3개월의 사회성, 지각력, 반응도가 상당히 높게 나타났다. 또 접촉을 많이 하지 못한 시각 장애아보다 소리에 반응하는 속도도 훨씬 더 빨랐다.

한편 마사지는 유아가 자신의 신체 구조를 파악할 수 있도록 도와주는 효과가 있다. 이것은 유아가 부모와 떨어져 있어도 대상 영속성(대상이나 사람이 눈에 보이지 않을지라도 여전히 존재한다는 사실을 인식할 수 있는 능력 : 옮긴이)을 획득함으로써, 주변을 탐색하도록 하는 데 중요한 역할을 한다. 시각 장애가 있는 유아도 비록 기어다니기와 걷기를 시작하는 시기는 다소 늦을지라도 생후 몇 개월 동안의 운동 감각 발달은 정상적인 시각을 지닌 유아와 다르지 않다.

몇몇 전문가의 견해에 따르면, 일반적으로 시각 장애아는 엎드린 자세를 싫어하므로 손을 뻗어 물건을 잡거나 기어다니는 데 필요한 상체 근력이 늦게 발달한다는 것이다. 그런 만큼 무리하게 바로 누이려고만 하기보다는 엎드린 자세에서 마사지를 실시한다. 그러면 유아는 차츰 놀이하는 시간으로 받아들이는데, 이는 마사지를 받으면서 유아가 신뢰감과 안전함을 형성하기 때문이다.

부모의 음성과 촉각은 모두 아기에게 사랑을 전달해준다. 어쩌면 여러분이 본능적으로 기대했던 해맑은 눈빛이나 환한 웃음을 볼 수 없어서 아기에게서 점점 멀어질지도 모른다. 그러나 지속적인 마사지를 통해 친밀감을 형성할 수 있는 계기를 마련할 수 있다. 마사지를 하는 동안 지금 하고 있는 것은 무엇이며, 앞으로 어떤 일을 할 것인지 아기에게 설명해 주어라. 아기의 이름을 자주 들려주고, 마사지 오일을 손에 따라 비빌 때 나는 소리와 같은 청각적 자극을 강화시켜라.

생후 6개월 동안 음악이나 다른 소리를 들려주지 말고, 오직 부모의 목소리만 들려주어라. 음악은 나중에 마사지를 해주면서 아기와 상호작용을 할 때 얼마든지 활용할 수 있으며, 또한 마사지를 하는 동안 부모의 목소리로 직접 노래를 불러주거나 허밍을 들려줄 수도 있다. 단 마사지를 할 때는 항상 아기와 가깝게 붙어 있어야 한다.

그래서 부모의 얼굴을 아기 가까이 두거나 한 손은 항상 아기의 몸에 올려놓아야 한다. 아울러 청각 신호를 주면서 아기의 다리와 발을 잡고 쓰다듬어준 다음에 마사지를 시작하는 것이 바람직하다. 또한 시각 장애의 경중에 따라 불빛의 강도를 조절해야 한다. 부분 시각 장애가 있는 유아는 불빛 때문에 주의가 산만해질 수 있으며, 전혀 보이지 않는 유아는 불빛이 강렬할 때 편안해 한다.

청각장애

청각 장애아 역시 다른 유아들처럼 촉각의 자극을 통해 편안함을 느끼고 싶어한다. 결국 모든 유아에게 가장 중요한 것은 사랑의 교감이다. 그러므로 청각 장애가 있을지라도 계속 말을 들려주어야 한다. 생후 3개월 동안 소리는 유아의 귀와 뇌를 연결시키는 신경 조직의 발달을 촉진시키는 작용을 한다. 청각 장애아들에게 보청기를 착용시키는 것도 실은 더 많은 소리를 들려주기 위함이다.

이렇게 볼 때, 유아용 청각 자료(Infant Hearing Resource)는 모든 유아들에게 들려주도록 권장할 만한 자료이다.

"부모의 생각과 느낌을 아기에게 들려주어라. 아기는 부모를 행복하게 해주는 것, 슬프게 하는 것, 걱정스럽게 하는 것, 흥분하게 하는 것들에 대해 듣고 싶어한다. 아기는 부모가 자신을 안는 모습과 몸짓 언어를 통해 다양한 감정을 감지할 수 있다. 그 감정의 이름을 하나하나 말해주면 아기가 다른 감정을 느낄 때, 그 감정을 무엇이라고 부르는지 알게 될 것이다."

마사지를 할 때는 아기와 정상적인 언어를 사용하고, 최대한 긴장을 풀어주며, 사랑이 가득한 눈으로 아기를 바라보아라. 그리고 여러분이 하는 동작을 말로 설명해 주어라. 이를테면 다음과 같다.

"제이슨, 이것이 네 발이야. 그리고 이건 네 발가락이지. 하나, 둘, 셋, 넷, 다섯 발가락!"

대화를 나누면서 아기의 음성을 그대로 흉내내서 들려주는 것도 좋은 방법이다. 전문가들은 청각 장애아와 대화를 할 때 부모의 말투나 아기 말투는 아주 정상적인 언어 형태라는 데 동의한다. 만약 수화를 가르치려는 부모는 유아가 수화를 이해하지 못하더라도, 마사지를 하면서 수화 교육을 하는 것이 좋다.

신나고 즐겁게 마사지를 해주어라. 일일 마사지는 부모도 많은 혜택을 얻을 수 있는 기회이다. 이 시간을 빌어, 아기를 훨씬 잘 이해하게 되어 더 많은 사랑을 느낄 뿐 아니라, 자신의 세계와 소통하는 아기의 고유한 방식을 존중해주는 부모로 거듭날 수 있기 때문이다.

심각한 질병에 걸린 아기의 마사지

〈접촉 연구소〉에서는 유아에게 나타날 수 있는 모든 증세를 검증하는 연구 보고서를 꾸준히 발표하고 있다. 그 결과 미숙, 에이즈 양성반응, 마약 중독, 우울증에 걸린 엄마, 성폭행, 신체적 폭행, 천식, 자폐증, 당뇨병, 류마티즘성 관절염, 발달 지체, 섭식 장애, 피부염, 암, 화상, 외상 후 스트레스 장애(post-traumatic stress disorder : 자동차 사고, 폭행, 지진, 홍수 등 생명의 위협을 느낄 만큼 극심한 충격을 받은 이후에 나타나는 증상 : 옮긴이) 등 거의 모든 질환에서 사랑을 교감할 수 있는 마사지로 놀라운 효과를 얻을 수 있다는 사실이 밝혀졌다. 실제로 이런 질병을 앓는 유아에게 마사지를 해주면 불안지수가 저하되고 스트레스 호르몬이 감소되며, 모든 진료 결과가 향상될 수 있다.

일반적으로 심각한 질병을 앓는 유아들을 마사지할 때는 각별히 주의해야 하며, 전문 의료진의 도움을 받는 것이 좋다. 여러분의 아기를 돌보아줄 간호사에게 손 올려놓기로 아기를 잡아주는 법, 캥거루 양육법을 이용하여 안아주는 법, 그리고 마사지하는 법을 알려주면 치료하는 데 훨씬 도움이 될 것이다.

만약 간호사들이 제대로 하지 못할 경우에는 아기마사지 전문 치료사에게 도움을 청해 본다. 만약 그 전문 치료사가 특정 질병에 대한 교육을 받지 않은 사람이라면 아기가 앓고 있는 질병을 잘 알고 있거나 정보를 알려줄 만한 전문 치료사를 소개해 줄 것이다. 명심할 것은 부모는 감당하기 힘든 고통을 겪는 아기의 보호자라는 사실이다. 따라서 아기와 강한 애착을 형성할 수 있는 바람직한 방법을 연구하고 찾는 것은 마땅히 부모의 몫이다.

12 마사지를 통한 형제간 유대감 형성

포근한 대지에

축복 받은 파릇한 싹이 돋아난다

또 아이들은 벌떡 일어나

고마운 마음으로

생동하는 세상의 만물과 화합한다

루돌프 슈타이너

다섯 살바기인 내 친구의 딸이 어느 날 저녁 가족 모임에서 새로 태어난 사촌 동생이 처음 소개되던 모습을 보고, 엄마의 무릎에 올라 앉으며 이렇게 말했다.

"엄마, 저도 아기였으면 좋겠어요. 그러면 많은 사람들이 저한테 관심이 가질 테니까요."

이 말은 곧 잠잘 시간이 되었으니 마사지를 해달라는 신호였다. 그 이유가 무엇일까? 당연히 이 아이는 더 많은 관심을 받고 싶었을 뿐만 아니라 자신의 마음을 뒤흔들어놓은 그 갓난아기에 대한 느낌을 말하고 싶었기 때문이다.

아이들에게 자신의 감정을 말하는 것은 중요한 일인데도, 아이들의 솔직한 느낌을 듣기란 좀처럼 쉽지가 않다. 특히 부모가 많은 질문을 할수록, 아이들은 대답을 하지 않는 경우가 많다. 8살 된 내 아들이 수술 받을 날을 일주일쯤 앞두고 있었을 때, 아들의 두려움을 말로 표현하도록 해야 한다는 것을 알고 있었지만, 솔직히 그때까지도 아들에게 그런 말을 이끌어낼 능력이 내게는 없었다. 아들은 병원에서 소아병동을 둘러본 뒤, 간호사를 만나고 온 뒤부터 긴장한 것 같았기 때문이다.

가까스로 나는 아들에게 궁금한 것이 없는지 물었다. 그러자 아들은 기어들어가는 목소리로 모르겠다며 어깨를 으쓱하고는 슬며시 자기 방으로 슬그머니 들어가 버렸다. 그날 밤 나는 아들에게 마사지를 해주었다. 종아리와, 무릎, 발을 부드럽게 쓸어주었더니, 5분쯤 지나자 긴장을 풀고 말하기 시작했다.

병원과 수술에 대해 이런저런 질문들을 했는데, 엄마가 옆에 있어줄 것이며, 수술을 받는 동안에는 잠들어 있다는 사실, 그리고 편도선 수술을 한 다음에는 말할 수 다는 사실을 확인하고는 안심이 되는 모양이었다. 그 수술 전후로 아들이 안정을 찾을 수 있도록 계속 마사지를 해주었던 기억이 있다. 이를 계기로 우리 모자는 변함없이 긴장되거나 두려움에 휩싸일 때면 손발 마사지를 하곤 한다.

인류학자 애쉴리 몬태규는 그의 저서 『접촉하기』에서, 부모와의 친밀감은 아이의 자긍심을 형성하는 토대가 된다고 밝히면서 이렇게 덧붙였다.

"인간적 욕구에 아무런 반응을 보이지 않는 사람은, 그런 성격이 고착되어 어느 누구와도 관계를 맺기 힘들어지는데, 이것은 단순한 비유가 아니라 생리적으로 분명하게 드러난다."

〈인본주의 심리학 학회지(Journal of Humanistic Psychology)〉에 발표된 논문은 이러한 주장을 뒷받침해주면서, 피실험자의 자긍심이 높을수록, 접촉을 통해 대화를 나누려는 경향이 강하다는 사실을 시사하고 있다.

한편 만 12세 이하의 아동은 촉각적 운동이 훨씬 발달한다. 다시 말해 이들은 보는 것이나 듣는 것보다 느낌으로 세상에 대한 정보를 더 많이 얻는다는 것이다. 따라서 따뜻한 감촉이 언어적 자극보다 감정이나 사고를 유발하는 힘이 더 크게 작용할 때가 많다. 그런 만큼 아이에게 "사랑해"라는 말을 해주는 것도 중요하지만, 그보다 더 중요한 것은 눈맞춤, 각별한 관심, 다정한 신체적 접촉을 통해 사랑을 전달하는 것이다. 게다가 아이를 칭찬할 때도 신체적 접촉을 함께 하면, 아이는 칭찬의 85퍼센트를 흡수하는 반면, 말로만 칭찬할 때는 50퍼센트만 흡수하게 된다.

부모와 아이의 유대감은 아이가 성장함에 따라 지속적으로 이루어진다. 부모가 안아줄 단계가 지났다고 해서 아이가 더 이상 부모의 따뜻한 신체적 접촉을 필요로 하지 않는다는 뜻이 아니다. 아이는 이제 더 이상 엄마의 젖도 먹지 않고, 예전처럼 안기지도 않고, 자신의 세상을 넓혀가면서, 무한한 가능성을 탐색하기에 바쁠 것이다. 그러나 아무리 아버지와 엄마의 품을 벗어날 만큼 자랐다고 해도 엄마와 아빠가 항상 따뜻한 미소를 지으며 정성껏 마사지를 해주던 그때의 사랑을 재확인할 수 있는 친밀한 순간을 소중하게 여길 것이다.

일반적으로 생후 9개월경에 마사지를 시작하는 것이 가장 좋다고는 하지만, 그 시기를 놓치면 마사지를 해도 소용없다는 것은 절대 아니다. 대개 아기 때 마사지를 시작하지 않은 만 1세~3세가 된 아이는 활동량이 많아서 잠시도 가만히 있지 못하므로 마사지할 시간이 거의 없지만, 잠자기 전에 간단하게 등을 쓸어주는 것으로 시작할 수도 있다. 그래서 아이가 마사지에 익숙해지면, 아마도 아이 스스로 마사지를 해달라고 요청하게 될 것이다. 그러던 어느 날 문득 아이가 여러분을 마사지해 줄지도 모른다. 이것이 바로 여러분이 한 행동이 다시 여러분에게 되돌아오는 작용과 반작용이라는 보편적 법칙이 아닐까.

마사지의 시작

아마도 마사지가 부모와 자녀가 스스럼없이 대화할 수 있는 수단이라는 생각은 못했을 것이다. 그렇다 해도 어떤 효과가 있을지 전혀 모른 채 무작정 시작하는 사람이 있을까? 어찌됐든 축구 선수들(또는 발레리나 등)을 위한 기본 마사지는 마사지를 처음 시작하는 사람에게 권장할 만한 것으로, 그 방법은 다음과 같다.

1 따뜻하고 편안하며 정신을 집중할 수 있는 공간을 마련한다.

2 손을 닦은 뒤 몸에 착용하고 있는 모든 장신구를 벗는다.

3 잠들기 직전이나 목욕 직후 등 아이의 긴장이 풀린 후에 하는 것이 좋다.

4 시작하기 전에 항상 마사지를 해도 좋은지 아이의 의견을 묻고, 아이의 선택을 존중해 주어야 한다. 심지어 한 부위를 마치고 다른 신체 부위로 넘어갈 때도 다음과 같이 묻는 것이 좋다. “이제부터 배 마사지를 해도 될까?”

5 천연 마사지 오일을 사용하면 적은 양으로도 마사지 동작을 부드럽게 할 수 있다.

6 쓸어주기와 돌리기를 이용해(제7장 참조), 한 번에 다리 한쪽씩만 실시한다. 두 엄지손가락으로 무릎 주변을 원을 그리듯이 쓸어주고, 종아리 부위를 손가락 끝으로 가볍게 눌러주며, 엄지손가락으로 발바닥 전체를 눌러준다.

7 마사지를 하는 도중 아이를 칭찬해 줌으로써 자긍심을 배양할 수 있도록 한다. 예를 들면 이렇다. “머리가 정말 근사하구나!”, “오늘 네 친구랑 장난감을 같이 가지고 놀았지? 그건 정말 좋은 일이야. 넌 아주 마음씨가 좋은 아이야.”

발달 단계에 따른 마사지

마사지의 단계가 달라지면, 그에 대한 아이들의 반응도 달라질 것이다. 가장 좋은 방법은 아이 스스로 자신에게 알맞은 방법을 선택할 수 있도록 자연스럽게 실시하는 것이다. 여기에서는 아이의 나이에 따른 단계별 마사지와, 아이의 반응에 대처하는 방법을 소개하고자 한다. 물론 아기의 발달 특성에 따라 약간의 차이는 있을 것이다.

기어다니는 유아

아이가 사방으로 기어다니기 시작하면, 대부분의 부모는 더욱 힘들어진다. 차분하고 조용한 분위기에서 아기와 몸짓 언어를 주고받거나 심지어 명상하면서 아기를 마사지해주는 데 익숙해 있기 때문이다. 그러나 아기가 기어다니기 시작하면, 마사지는 훨씬 재미있고 신나는 놀이가 될 것이다.

제자리에 가만 누워 있을 때보다 훨씬 더 좋은 점만 생각한다면 말이다. 이때는 놀이나 노래를 이용할 수도 있으며, 마사지를 하는 동안 아이가 가지고 놀 수 있는 장난감을 주거나 빨아먹을 수 있는 과자를 주어도 좋다. 또한 마사지의 순서를 엄격하게 지키는 것보다 아이가 움직이는 대로 편하게 아이의 신체 부위를 마사지해주는 것이 바람직하다. 이 시기가 되면, 아이는 자신의 몸을 굴려 뒤집거나 기어다니고, 부모의 무릎에 올라앉는 등 몸을 가만 두지 못한다. 따라서 이때는 아이에게 알맞은 마사지 방법을 모색하는 것이 바람직하다.

우리 아들이 기어다닐 때는 놀이를 했다. 예컨대 아들이 멀리 기어가면 나는 "안 돼. 가지마. 자, 이제 널 잡으러 가겠다!"하고 웃으면서, 아들을 내 무릎 위에 앉히곤 했다.

그러면 아이도 웃으면서 엄마가 다시 잡으러 오기를 기대하면서 몇 번이고 기어가기를 계속했다. 그렇게 놀이를 하는 사이, 나는 아이의 등, 엉덩이, 다리, 발을 마사지해 주었다.

걸음마 단계의 유아

만 1세에서 3세까지의 유아는 자율성이 발달하는 단계이다. 이 자율성의 중요한 특징은 '안 돼요' 라고 분명하게 거부 의사를 밝히는 능력을 발달시키는 것이다. 이 단계의 유아는 마사지를 완강하게 거부하는 경우가 많다. 만약 아이가 마사지를 거부할 때는, 아이의 의사를 존중해 주어야 한다.

아이는 거부하다가도 이따금 "배가 아파요"라는 말로 마사지를 자청하는데, 바로 그때 배 마사지를 해주면 된다. 다만 이 시기에는 재미있는 놀이처럼 마사지를 하는 것이 좋다. 국제아기마사지연합에서 마사지 강사의 교육을 담당하는 클라라 유테 자허 라베스는 아이의 등에서 화초를 가꾸거나, 아이의 배에서 피자를 만든다고 상상하며 재미있게 할 것을 권유하는데, 이것은 부모의 노력에 따라 충분히 가능하다. 참고로 쓸어주기는 허벅지(또는 팔꿈치 윗부분)와 종아리(또는 팔꿈치 아랫부분)로 나누어 실시해야 하며, 조이기, 비틀기, 돌리기 등은 관절이 비틀리지 않도록 무릎이나 팔뚝 아래에서 시작해야 한다.

유치원생

만 3세가 된 유아는 어느 정도 차분해져서 다시 예전처럼 조용하게 마사지하는 것을 좋아하게 될 것이다. 이제 어느 정도 자립성이 형성되었기 때문에, 부모의 관심을 한껏 받을 수 있는 갓난아기로 다시 되돌아가고 싶어한다. 따라서 이 시기에는 목욕을 한 이후나 잠자리에 들기 전에 해주는 것이 좋다. 또한 점차 발달하는 아이의 팔다리에 맞도록 마사지 동작을 수정하는 것이 바람직하다. 아울러 이 시기는 수줍음을 알게 되는 나이이므로 만약 아이가 티셔츠나 팬티를 입겠다고 하면 아이의 의견을 존중해 주어야 한다. 이때에도 다리, 발, 배, 등을 마사지해 주면서 이야기를 들려주거나, 팔뚝, 허벅지, 종아리와 같은 신체 부위의 이름을 익힐 수 있도록 마사지 부위가 어디인지 질문하고 답하게 하면 더욱 재미있는 시간이 될 것이다. 다만 이때부터는 아이가 일상생활 속에서도 스트레칭과 운동을 많이 하므로 따로 시간을 정해두고 할 필요는 없다.

초등학생

이 단계에서도 역시 아이의 발달에 알맞게 마사지 동작을 조절할 필요가 있다. 예컨대 쓸어주기나 조이기 동작보다는 팔다리를 세게 주물러 주는 것이 좋다. 또 이 시기에는 아까 집에 올 때 기분이 언짢아 보이던데? 같은 말이나 개방형 질문을 통해 자신의 생각을 자유롭게 말할 수 있도록 격려해주는 것도 좋은 방법이다.

또한 음악, 옛날이야기, 대화를 활용하는 것도 바람직하다. 이것은 마사지의 효과를 증진시킬 수 있을 뿐만 아니라, 아이 스스로 자신이 소중한 존재라는 생각을 하게 되고, 여러분에게 마음을 터놓을 수 있는 기회도 된다. 이때 아이가 좋아하는 향을 선택하여 마사지 오일에 첨가해도 좋다. 참고로 이 시기의 아이들은 대부분 바로 눕는 것보다 엎드린 자세로 마사지 받는 것을 훨씬 더 좋아한다.

청소년기

이 시기에는 자아 의식이 매우 발달하기 때문에, 마사지를 해준다는 것이 여간 어렵지 않다. 따라서 그날 있었던 일들에 대해 이야기를 나누며 자연스럽게 발이나 등 마사지로 시작하는 것이 좋다. 만약 아이가 마사지에 기분 좋게 응하면, "다리를 쓸어줄까?" 하고 아이의 의사를 묻고 다른 부위를 해줄 수 있다.

다만, 성징이 나타나는 신체 부위는 피하는 것이 좋다. 청소년기는 성징이 두드러지게 발달하는 시기여서 아이들은 그 신체 부위를 마사지해 주는 것을 몹시 거북해한다. 또 청소년들도 엎드린 자세로 마사지 받는 것을 훨씬 더 좋아한다. 이때 편안하게 엎드릴 수 있도록 배 부위에 방석을 받쳐주는 것도 좋다.

만약 생리를 시작한 딸이 생리통이 심할 때는, 아랫배나 허리를 마사지해 주면 생리통을 줄일 수 있다. 특히 꼬리뼈에서 허리까지 손바닥으로 쓸어주면 큰 효과가 있는데, 이와 함께 아킬레스건에 있는 지압점, 즉 복숭아 뼈 바로 아랫부분을 꾹꾹 눌러주어도 좋다. 또 딸을 무릎 사이에 앉히고 목과 어깨를 주물러주면 자신의 생각이나 고민을 부담 없이 털어놓을 수도 있다.

아우를 맞는 유아를 위하여

갓 태어난 아기는 두세 살 된 유아들에게 신기하고도 두려운 존재이다. 늘 어른들의 품에 안겨 보호를 받고 있는 만큼, 가까이 갈 수 없을 뿐 아니라 다소 위협적이기도 한 작은 사람이기 때문이다. 그래서인지 한 가정에 아기가 새로 태어나면 큰 아이에게 자신은 여전히 사랑 받는 소중한 존재라는 사실을 인식시키는 것이 얼마나 중요한지를 지적하는 문헌들이 아주 많다.

그 다음으로 중요한 것은 형과 새로 태어난 아우의 형제 관계를 잘 형성하도록 돕는 일이다. 일반적으로 유아가 갓 새로 태어난 동생과 완전한 유대감을 형성하는 데는 얼마간 시간이 걸린다. 하지만 그 전에 유아가 할 일은 아기가 여기에 있다는 것, 엄마가 건강하다는 것, 자기 자신은 예전과 전혀 다를 바 없이 사랑을 받고 있다는 것을 이해하는 일이다.

예컨대 날마다 아기를 마사지해 줄 때, 여러분의 큰 아이는 이따금 그 장면을 지켜볼 것이다. 그리고는 어쩌면 자신이 마사지 받던 때를 기억하면서(사실 큰 아이도 여전히 마사지 받는 것을 좋아할지도 모르다) 아기와 자신을 동일시할지도 모른다. 유아와 아기는 똑같은 경험을 하고 서로 닮은 점이 있기 때문이다.

따라서 가끔 큰 아이에게 아기를 마사지할 수 있는 기회를 주면(물론 유아가 원할 때), 아기는 물론 유아에게도 큰 도움이 될 것이다. 유아는 부모가 했던 것과 똑같이, 눈맞춤, 가벼운 피부 접촉, 마사지 동작, 목소리로 아우와 유대감을 형성할 것이다.

또한 아기가 그다지 위험하거나 연약하지 않을 뿐만 아니라 자기 자신과 똑같은 사람이라는 사실을 알게 될 것이다. 게다가 동생을 보살피고 보호할 수 있는 능력이 자신에게 있음을 깨닫게 되면서 자신감도 얻게 된다. 한편 아기는 이따금 형이나 언니가 서툴고 거칠게 대하거나, 자신을 놀라게 하는 행동을 하는 초기의 공포에서 벗어나 점차 긍정적인 반응을 보일 것이다. 따라서 아기는 언니나 오빠를 다정한 친구나 자기편으로 받아들이기 시작할 것이다.

그렇다고 해도 갓난아기가 쉽게 놀라는 연약한 단계를 어느 정도 벗어난 다음에 유아에게 동생의 마사지를 하도록 하는 것이 좋다. 대개 생후 3~4개월쯤 적당하지만, 만 네 살 이상의 유아라면 좀더 일찍 시작해도 무리는 없다. 이때 유아가 사용할 마사지 동작이나 마사지 오일에 대해서는 걱정할 필요가 없다.

부모가 먼저 서너 차례 시범을 보여준 다음에(가슴 부위의 '하트 모양 마사지'나 배 부위의 'I Love You' 마사지 등등), 유아가 하는 대로 지켜보는 것이 좋다. 아마도 처음에는 머뭇거리면서 아기를 만지는 데 엄마의 응원을 받고 싶어할지도 모른다. 또 어쩌면 아기를 두세 번 정도 쓰다듬고는 그만둘지도 모른다. 그러나 겨우 몇 번 쓰다듬고 말지라도, 그 경험은 유아에게 더없이 소중한 것이다. 그런 만큼 이때 부모가 얼마나 기분이 좋으며, 유아를 자랑스러워하는지 알려주는 것이 좋다. 아울러 마사지를 아주 잘 했으며, 그 마사지가 동생에게 큰 도움이 되었다고 칭찬해 주면 더욱 큰 효과를 얻게 될 것이다.

건전한 신체접촉

유아를 둔 부모들은 혹시 자신의 아이가 파렴치한 사람에게 험악한 일을 당하지나 않을지 걱정하며, 그에 대해 어떻게 교육을 시켜야 할지 전전긍긍한다. 안타깝게도 언론에서 보도한 유아 성추행 사건으로 두려움에 휩싸인 나머지, 많은 부모들은 신체 접촉에 대해 끔찍하고 부정적인 메시지를 심어주고 있다.

중요한 것은 유아에게 건전한 신체 접촉과 불건전한 신체 접촉을 구별할 수 있는 능력을 키워주는 것이다. 아기마사지는 그 차이점을 가르치는 데 매우 효과적이다. 어렸을 때부터 꾸준히 실시하는 아기마사지는 자신이 원하지 않거나, 불건전한 신체 접촉을 거부해야 한다고 말로 설명해 주는 것보다 훨씬 더 교육적 효과가 크다. 마사지를 받은 유아는 건전하고, 다정한 신체 접촉이 어떤 느낌인지 잘 안다.

아기마사지는 부모와 아이의 정신적 유대감을 형성시켜주므로 유아는 부모에게 친밀감을 느낌으로써 자신의 감정을 솔직하게 말하는 경향이 있다. 따라서 누군가 이상한 말을 하며 자신을 만지려고 했다는 것을 부모에게 말할 가능성이 훨씬 더 크다. 게다가 마사지 시간은 곧 부모와 아이에게 중요한 문제에 대해 대화를 나누는 시간이다. 따라서 마사지하는 시간은 서너 살 된 유아와 신체 접촉에 대해 이야기를 나누기에 더없이 좋은 기회이며, 유아에게 자신을 보호하는 방법을 가르쳐줄 수 있는 기회이기도 하다.

유아에게 이렇게 일러줄 수 있다. "누군가 네가 싫어하는 방법으로 네 몸을 만지려 하거든 엄마나 아빠, 아니면 선생님께 말씀드리렴. 무슨 일이 있더라도 너를 안전하게 지켜주마." 나아가 규칙적인 마사지와 가벼운 신체 접촉을 통한 상호 작용은 아이에게 자기 몸에 대한 긍정적인 태도와 주인 의식을 심어줄 수 있다. 또한 감정과 몸짓 언어에 대한 예리한 통찰력을 형성하게 된다. 마사지를 시작할 때나, 마사지 도중 다른 신체 부위로 옮겨갈 때 일일이 허락을 받으며 아이의 의사를 존중하는 태도는 다른 사람들이 유아의 허락을 받지 않은 채 신체를 만지게 해서는 안 된다는 것을 가르쳐 주는 것이다.

일반적으로 마사지를 받고 자란 아이는 자신의 몸에 대한 자신감과 만족감을 느끼며, 부모와도 스스럼없이 대화를 나눌 수 있다.

Infant Massage

13 입양아와 수양 자녀

내 살을 나눈 것도 아니고

내 뼈를 나누지도 않았건만

놀랍게도 너는 바로 나로구나

단 한 순간도 잊지 않으리라

너는 내 가슴 밑에서 자란 것이 아니라

바로 가슴속에서 자랐다는 것을

작자 미상

애착 형성

입양아나 수양 자녀의 부모는 이 세상 그 어떤 부모보다 사랑을 많이 베푸는 사람들이다. 이들은 스스로 아이들을 선택한다. 이 아이들 중에는 병에 걸린 아이, 장애를 가진 아이, 심지어 문화와 인종이 다른 아이도 있다. 요컨대 이런 부모들이야말로 아낌없이 사랑을 베풀 줄 안다. 그러나 안타깝게도 이들의 아이들은 그 사랑을 거부하는 경우가 많다.

과거에는 입양아나 수양 자녀와 그들의 부모 사이에 진정한 유대감이 형성될 수 없다고 주장하는 이론들도 있었다. 그러나 광범위한 증거를 토대로 연구한 결과, 입양아나 수양 자녀의 부모도 친부모와 아이가 형성하는 것과 다름없는 유대감과 애착을 형성할 수 있다는 것이 입증되었다.

특히 데이빗 브로딘스키(David Brodinsky), 레슬리 싱어(Leslie Singer), 메리 스타인(Mary Stein), 더글러스 램제이(Douglas Ramsey) 등의 연구자들은 같은 또래의 입양아와 친자녀가 각각 그들의 부모에 대한 애착 형성에서 아무런 차이가 없음을 발견했다. 다시 말해 입양아나 수양 자녀의 부모들이 따뜻하고 사랑이 넘치며, 유아의 욕구에 일관된 반응을 보여주며, 가정적 분위기를 제공할 경우, 그들과 아이 사이에 신뢰감과 애착이 형성된다는 것이다.

그러나 입양 문제의 전문가 로이스 멜리나(Lois Melina)는 입양아의 부모들에게 지나친 사랑과 열정을 앞세워서는 안 된다고 충고한다. 임시 위탁양육시설이나 고아원에서 생활하던 유아들은 대개 신체적 접촉과 애정에 어떻게 반응해야 할지 당황할 뿐만 아니라 거부 반응까지 보일 수 있기 때문이다. 게다가 그들에게는 예전의 보모와 시설을 잃은 슬픔에 빠져 있기 때문에, 이런 상실감을 극복한 후에야 비로소 새로운 환경에 적응할 정신적 여유가 생긴다. 이에 대해 온라인 입양 연합단체 팩트(Pact)의 운영자이자, 『유대감과 애착 : 입양이 신생아에게 미치는 영향(Bonding and Attachment: How Does Adoption Affect a Newborn)』의 저자이기도 한 게일 스타인버그(Gail Steinberg)는 다음과 같이 충고한다.

"여러분이 가야 할 길을 가장 잘 알려주는 것은 아기가 보내는 신호입니다. 대개 작은 기쁨이 쌓여 큰 기쁨이 되고, 그 기쁨은 아이와 친밀감을 형성할 수 있는 힘이 됩니다. 그런 만큼 미소나 발달 단계별로 나타나는 특성은 자랑스런 성장의 신호입니다. 그와 함께 입양아가 여러분에게 애착을 느끼는 데는 다소 시간이 걸릴 겁니다. 그건 여러분의 배우자도 마찬가지일 거예요. 그 시간이 며칠일 수도 있고, 몇 주, 몇 달, 일 년이 될 수도 있습니다. 그러니 여러분이 생각했던 것보다 오래 걸린다고 낙담할 필요는 없습니다. 시간 문제보다 중요한 것은 시간이 얼마가 걸리든 온 가족이 함께 애착을 형성하는 것이니까요."

한편 입양에 관한 모든 문헌에서는 이른바 '입양 후 우울 증후군(Post-Adoption Depression Syndrome)'을 다루고 있다. 입양을 하는 부모들은 대개 몇 달, 심지어 몇 년 동안 '지옥 같은 불임 기간'을 겪은 다음, 또 다시 아주 긴 입양 절차를 밟으며 견뎌내야 한다. 아기를 맞이한 처음 며칠 동안의 가슴 벅찬 환희의 순간이 지난 뒤, 입양아의 부모들에게 공통적으로 찾아오는 것은 불안감, 무력감, 혼란, 우울증이다. 이는 마치 오랫동안 꿈꾸어왔던 목표를 성취하고 난 뒤 허탈감에 빠져, 목표를 향해 정진하던 그때의 정열이 시들어버리는 경우와 같다.

또한 생모가 겪을 슬픔과 상실감을 떠올리며 알 수 없는 죄책감에 시달리기도 하고, 가계비 지출이 급증한데 따른 경제적 어려움을 겪을 수도 있다. 그런가 하면 입양 전에는 몰랐던 아기의 건강 문제나 출생 배경을 알고 아연실색할 수도 있을 것이다. 게다가 입양아들은 일반적으로 애착 장애, 부적응, 과도한 욕구 등의 증상을 보인다. 그렇다 보니 아이의 생모와 다를 바 없이, 정서 불안, 수면 부족에 시달릴 것이며, 책임감과 스트레스가 증가할 것이다. 그러나 입양아 부모 모임에 가입하면 부모로서의 자신감을 얻는 동시에 그들도 비슷한 고민을 하고 있다는 것을 깨달을 수 있다. 뿐만 아니라 더 많은 사람들과 지속적으로 만남으로써 부정적인 생각에서 벗어날 수 있고, 아기가 발달 단계에 따라 성장해 가는 모습을 보면서, 초보 엄마들이 겪는 어려움들을 극복해나갈 수도 있다.

입양아는 대부분의 유아가 공통적으로 겪는 일반적인 스트레스 외에도, 새로운 환경, 새로운 보호자, 새로운 모습, 소리, 냄새, 맛에 적응해야 하는 스트레스까지 경험하게 될 것이다. 그렇다 보니 갓 입양된 아기는 얼마동안 퇴행 현상을 보이거나 신체 접촉을 꺼려하고, 걷잡을 수 없이 울기도 한다.

이럴 때는 이 책 제 8장을 다시 읽어보고 아기가 보내는 모든 신호와 몸짓 언어에 귀기울임으로써 부모가 베푸는 사랑이라는 울타리

안에서 마음껏 슬퍼하고 울 수 있도록 도와주어라. 대개 아기들은 안정감을 느낄 때에야 비로소 짜증을 부리고 울음을 터뜨린다. 따라서 아기가 슬픔이나 분노, 심지어 여러분에게 향한 적개심을 표출한다는 것은 곧 마음을 열고 여러분에게 한 발짝 다가서기 시작했다는 신호이다. 참고로 아이는 나이가 들면서 이런 감정을 시시때때로 표출한다. 그러므로 끊임없이 아이의 말을 경청하고, 의사를 존중하며 감정들을 분출할 수 있도록 도와줌으로써 아이가 아낌없는 사랑을 받고 있다는 사실을 깨닫게 해주어야 한다.

새로운 환경에 적응하기

먼저 입양되기 전에 어떤 환경에서 어떤 보살핌을 받았는지 최대한 확인해보는 것이 중요하다. 누가 보살펴주었는지, 갓 태어날 때의 모습은 어땠는지, 어떤 분유나 이유식을 먹었는지, 아기에게 익숙한 색깔, 소리, 냄새는 어떤 것인지를 알아야 한다. 아기가 새로운 환경에 적응하는 동안 예전에 생활했던 환경의 일부를 재현하면 어느 정도 편안함을 느낄 수 있다. 다음은 입양 전문가 애나 마리 메릴(Anna Marie Merrill)이 조언한 것으로서, 아기가 새로운 환경에 잘 적응하는 데 필요한 것들이다. 입양하기 전에 위탁모나 보모가 특별한 향수를 사용했다면, 아기의 방이나 요람에 그 향수를 살짝 뿌린다.

아기가 받침대가 있는 우윳병에 익숙하다면, 우윳병을 고정시킬 수 있는 받침대를 사용하되, 아기가 우유를 먹는 동안 우윳병을 잡아 준다. 까꿍 놀이와 같은 눈을 맞출 수 있는 놀이를 이용하여 눈맞춤을 시도한다. 잠깐이라도 눈을 맞추고 안정감을 느낄 수 있는 기회를 마련하고, 점차 상호 작용을 확대한다.

포대기로 업어주는 것에 익숙한 아기라면, 상실의 슬픔에서 어느 정도 벗어난 다음에 아기가 활기를 되찾을 수 있도록 포대기로 업어준다. 좀더 나이가 많은 유아에게 먹을 것을 줄 경우에는 아기 혼자 먹게 하지 말고, 여러분이 직접 먹여준다. 이렇게 하면 약간의 피부 접촉을 할 수 있고 따라서 신뢰감을 형성할 계기가 된다.

아기가 피부 접촉을 피하는 것처럼 보인다면, 마사지를 시작하기 전에 얼마 동안 손 올려놓기를 한다. 그런 다음 마사지를 본격적으로 시작할 때는 먼저 아기의 허락을 받고, 아기가 보내는 신호를 주의 깊게 살펴본다. 부모 자신의 긴장을 완전히 푼 다음에, 부드러운 태도로 아기의 긴장을 풀어주도록 노력한다. 그런데 오랫동안 손 올려놓기를 했음에도, 아기가 계속 거부 반응을 보이면, 옷을 입은 상태에서 아기의 다리나 발을 아주 짧은 시간 동안 잡아준다. 그렇게 차근차근 시작하면 아기가 더 많은 것을 받아들일 준비가 되었다는 신호를 보낼 때가 있을 것이다.

예전의 환경에 익숙한 음악, 노래, 소리가 무엇인지 파악하여 틈틈이 들려준다. 우유에 물이나 설탕을 많이 타서 먹이는 나라도 있다. 설령 여러분이 이에 반대하는 입장이라도 아기가 익숙해 있다면 일단 물과 설탕을 섞여 먹인 다음, 서서히 설탕이나 물의 양을 줄이고 우유의 양을 늘리는 것이 좋다. 참고로 이때는 락토스 알레르기를 일으키지 않는지 주의 깊게 살펴보아야 한다. 아기의 옷은 빳빳한 새 천보다 여러분의 손때가 묻은 부드러운 옷감으로 만드는 것이 좋다. 또한 아기가 옷에서 친근한 냄새를 맡도록, 예전의 수양부모나 보모가 쓰던 세제와 똑같은 것을 구하여 사용한다. 아기의 몸이 긁히거나 신경을 거슬리지 않도록 옷 안쪽에 붙어 있는 상표를 떼어낸다. 벽지도 당분간 예전의 환경과 똑같은 색상을 선택한다.

이처럼 예전과 어느 정도 비슷한 환경을 꾸며주면, 아기가 새로운 환경에 적응하는 데 훨씬 더 편안함을 느끼고, 두려움을 줄일 수 있다. 애나 마리도 입양아나 수양 자녀에게 슬픔을 표출할 수 있는 시간을 주는 것이 좋다는 의견에 동의한다.

아기가 짜증을 내거나 울 때마다 달래려고 애쓰기보다는, 울음을 통해 아이의 좌절, 공포, 분노, 슬픔, 외로움을 분출할 수 있도록 도와주는 것이 좋다. 유아기에 이런 부정적인 감정의 표출을 억압하면, 그런 일이 정말 못된 행동이라는 확신에 따라 필요 이상으로 격렬한 행동을 하게 된다. 그럼으로써 자신이 못된 행동을 해도 변함없이 사랑해줄 것인지 여러분을 시험하기도 한다.

여러분의 아기는 한꺼번에 여러 가지 자극을 처리할 능력이 없다. 따라서 마사지, 노래, 텔레비전 시청 등을 동시에 할 경우에는 아기에게 부담을 주게 된다. 그런 만큼 눈맞춤을 하든 노래를 불러주든 아니면 마사지를 해주든, 한 번에 한 가지만 하되, 점차 아기가 반응을 보이면 이런 것들을 통합해도 좋다.

게일 스타인버그는 설령 아기가 몸을 피하거나 강하게 거부할지라도, 아기에게 지속적인 사랑을 베풀어야 한다고 조언한다. 그러나 강요해서는 안 된다. 만약 아이가 눈을 맞추는 것을 두려워한다면, 조금 멀

찍이 떨어져서 바라보는 것이 좋다. 또한 특별한 이유가 없는 한, 우유를 먹일 때나, 목욕을 시킬 때 아이에게서 눈을 떼지 않으면, 아기가 자연스럽게 부모를 바라볼 수 있을 것이다. 이처럼 입양아에 대한 접근은 아기가 부모에게 친밀감을 가질 수 있도록 차근차근 시작하는 것이 바람직하다.

애나 마리 메릴은 입양한 두 살바기 아들과 친밀감을 형성하는 데 성공한 어느 현명한 엄마의 아름다운 경험담을 내게 들려주었다. 이 엄마는 스카프 한 쪽은 자기가 잡고, 다른 한 쪽은 아기에게 잡게 하는 놀이를 했다. 스카프를 자기 쪽으로 살짝 잡아당긴 다음, 아기도 자기와 똑같은 행동을 할 때까지 잠시 기다렸다.

이 놀이는 비록 시간은 오래 걸리지만, 마침내 엄마와 아기의 손이 맞닿게 됨으로써, 안정적인 애착을 형성하게 되었다는 것이다. 동화책을 읽어주면서 아이가 신체 접촉에 익숙해지도록 한 엄마의 이야기도 있다. 이 엄마는 날마다 정해진 시간에 아이와 함께 안락 의자에 앉아 동화책을 읽어주었다. 아이는 동화에 정신이 팔려, 자신의 몸을 만지는 데는 신경 쓰지 않았고, 결국 자연스럽게 신체 접촉을 하게 되었다.

한편 입양아나 수양 자녀들 중에는 한쪽 부모에게는 애착을 느끼지만, 다른 한 부모에게는 거부 반응을 보이기도 한다. 이런 경우에는 아기가 거부감을 느끼는 부모가 애착을 형성하는 데 필요한 안정감을 심어줄 수 있는 방법을 모색하여 서서히 부드럽게 접근하는 것이 중요하다. 애나 마리는 '먹고, 입는 것에 대한 의존'이 애착 형성의 시작이라고 조언하면서 아이에게 거부감을 주는 부모가 아기가 받아들이는 범위 내에서 기저귀 갈아주기, 우유 먹이기, 목욕시키기를 시도해 보라고 한다. 하지만 그래도 아기가 여전히 거부 반응을 보인다면, 나중에 다시 시도해 보라. 신뢰는 하루 이틀에 쌓을 수 있는 것이 아니기 때문에, 꾸준히 아이에게 다가서려는 노력을 기울인다면 머지않아 애착을 느끼기 시작한다는 아기의 신호를 받게 될 것이다.

입양아나 수양자녀를 위한 마사지

입양아나 수양 자녀도 마사지를 필요로 하지만, 마사지를 해준다는 것이 말처럼 그리 쉽지는 않다. 입양 전문가 레니 헤닝스(Renee Hennings)는 이에 대해 이렇게 지적한다.

"나는 위탁 시설이나 보육원에서 자란 아기와 정상적인 가정에서 자란 아기에게 차이가 많다고 생각하지 않는다. 어찌 보면 여러 가지 면에서 별 큰 차이는 없을 것이다. 다만, 입양아나 수양 자녀는 보통 아이들보다 훨씬 더 많은 신체 접촉을 필요로 한다. 하지만 처음 마사지를 시작할 때는, 정상적인 가정에서 자란 아이들에 비해 훨씬 더 큰 거부 반응을 보이거나 기뻐하지 않는 경우가 많다."

아기마사지 전문가인 필자로서는 이렇게 권하고 싶다. 아기의 옷을 입힌 채 '손 올려놓기' 부터 아주 천천히 시작해서 점차 이 책에서 소개한 마사지 과정을 차근차근 시도해 보라고 말이다. 분명한 것은 여러분의 아기도 슬퍼할 이유가 있으며, 여러분이 할 수 있는 최선의 방법은 아이의 감정을 인정해주고, 필요한 경우 다른 사람의 도움을 받으며 꾸준하게 마사지를 해주는 것이다. 그런 다음에 신뢰감과 애착이 형성됨에 따라 점차 마사지 부위를 넓혀갈 수 있다. 낸시 베리어(Nancy Verrier)는 〈일차적인 상처 치유하기(Healing the Primal Wound)〉에서 이렇게 지적한다.

"아이들은 감각과 직관이 뛰어난 생명체이며, 자신들의 감정을 표현해도 좋은지 아닌지를 잘 알고 있다." 그런 만큼 아기의 울음과 감정을 인정하고 이해해주는 것이 무엇보다 중요하며, 이때 마사지는 억압된 슬픔과 공포를 표출하도록 아기를 도와줄 수 있다.

또 다른 입양 전문가 말로우 러셀(Marlou Russell)은 이렇게 슬픔과 공포가 빠져나간 빈자리를 채워 주는 것이 중요하다는 것을 강조하면서 이렇게 덧붙이고 있다.

"상실감은 입양 문제에서 대단히 중요한 부분을 차지한다. 때문에 슬퍼한다는 것은 필요하면서도 매우 중요한 과정이다. 그런데 입양은 슬퍼하는 것을 연기하거나 부정하는 상황을 창출할 수 있다. 그것이 일반적으로 긍정적인 해결 방안으로 간주되기 때문인데, 슬픔 역시 은연중에 강요당하기 마련이다. 따라서 유아기에 이런 슬픔을 마음껏 표출하게 하거나, 심지어 실컷 토해내도록 격려해주면 응어리진 고통에서 유발되는 문제 행동을 줄일 수 있다. 온라인 모임 〈팩트〉에 입양 문제에 대해 기고하는 레아 라고이(Leah LaGoy)에 따르면, 10대 청소년들에게서 아동기에 억압되었던 슬픔이 되살아나는 것도, 사춘기에 접어들면서 인생의 중요한 과도기이자 정체성 위기를 겪기 때문이다."

그렇다 보니 아이가 십대가 되면 자신을 입양한 부모들에게 자주 분노를 터뜨리곤 한다. 하지만 이 분노는 적어도 원했든 원하지 않았든 자신들을 버린 친부모에 대한 억압된 감정이다.

만약 입양아나 수양 자녀가 여러분의 애정에 부정적으로 반응하면, 애착이나 유대감을 형성하는 데 장애를 있을 가능성이 크며, 이는 최대한 빨리 치유해야 할 문제이다. 이런 아이는 예전의 보육원이나 위탁 시설에서 아이가 절실하게 원했던 반응을 얻지 못했기 때문에, 아예 자신의 욕구를 충족시키려는 노력을 포기했을지도 모른다.

그런 상태에서 여러분이 애정과 관심을 쏟으면, 위로 받기를 완강하게 거부하면서 짜증을 부릴 가능성이 매우 크다. 강조하지만 이런 행동을 단순히 그 아이의 개인적 성향으로 치부해버려서는 안 된다. 그 보다 아이의 감정을 인정하고 배려하면서, 여러분의 사랑 속에서 편안함을 느끼고 마사지를 비롯한 여러 가지 보살핌을 받아들일 때까지 다정한 신체 접촉과 애정을 지속적으로 베풀어야 한다. 전문가들은 유아가 어렸을 때 이러한 성향을 최대한 빨리 치유하지 않을 경우, 애착 장애로 굳어져 성장 과정에서 학교 생활에 적응을 못하거나, 병리적, 반사회적 행동으로 표출될 수 있다고 주장한다. 다시 말해 아이의 나이가 많을수록 뇌 회로를 변경하기가 어렵고 그런 만큼 건강하고 상호의존적이며 다정한 관계를 형성하거나 유지하기가 힘들어진다.

위탁모를 위한 아기마사지 강좌를 열면서, 나는 이런 질문을 자주 받았다.

"학대받고 무관심한 환경으로 되돌아갈지도 모르는데, 이런 상황에서도 마사지를 해주면 정말로 그 아이가 자신의 슬픔을 극복하는 데 도움이 될까요?"

그러면 나는 서슴없이 "물론이죠!"라고 대답했다. 실제로 슬픔과 공포를 해소하고 건전한 사랑과 애착을 형성하면, 훨씬 더 쾌활하고 건강하며 상호의존적인 아이로 성장할 수 있다. 만약 다시 아이가 매정한 보호자에게 가게 되면, 아이는 그 보호자에게 다른 반응을 얻기 위해 스스로 행동을 바꿀지도 모른다.

예를 들면 아이는 훨씬 더 편안해 하고 예전보다 훨씬 더 많이 웃고 더욱 자주 안기고 싶어하며 자신이 먼저 눈을 맞추려고 할지도 모른다. 이러한 아이의 행동에 감격한 보호자는 아이에게 더 많은 사랑을 느끼고 아이의 욕구에 보다 적극적으로 반응함으로써, 그들의 관계를 개선하고 더욱 깊은 신뢰감을 쌓을 수 있을 것이다. 그러나 이때 그 보호자에게 좋은 부모가 될 수 있는 능력과 올바른 아기마사지를 가르쳐준다면 더욱 이상적일 것이다.

참고로 테리 레비와 마이클 올랜스의 "애착 유형, 발달 및 사회심리적 행동에 관한 연구는 유아기에 안정된 애착을 형성한 아이들이 여러 가지 면에서 훨씬 더 뛰어나다는 것을 보여주고 있다"고 결론지었다. 다시 말하면 이런 아이들은 문제 해결 능력이 탁월하고 쾌활하며 친구를 잘 사귀고 자긍심이 높고 자립심이 강하며 자신이 속한 환경에서 훨씬 더 환영받는 사람이 되었다는 것이다.

요컨대 입양아이든 수양 자녀이든, 아기마사지를 해준다는 것은 아이가 평생을 살아가는 동안 다정하고 편안하며 거리낌없는 건강한 유대감을 형성할 수 있는 가장 튼튼한 발판을 마련하는 것이다. 이렇듯 아기마사지는 여러분이 아이에게 베풀 수 있는 커다란 선물이며 다음 세대의 상호 관계를 개선시킬 수 있는 아름다운 유산이다.

십대 부모들에게

만약 십대의 부모가 되어 아기를 키우기로 결정했다면, 그 자신은 물론, 아기를 비롯한 수많은 사랑하는 사람들을 생각해 볼 때 참으로 힘든 길을 선택한 것이다. 그런 만큼 십대 부모들이 그 결단을 내렸다면, 나는 그 선택을 존중할 것이며, 아울러 그 주변에 있는 어른들도 선택을 존중해 주고, 용기와 도움을 주기를 바란다.

십대의 미래와 아기의 미래를 위해서 그 무엇보다 중요한 것은 바로 어른들에게 최대한 많은 지지와 도움을 받는 일이다. 그렇지만 그들을 힐난하는 사람들이 있다고 해서 낙담할 필요는 없다. 그 보다 그들의 작은 보금자리, 적어도 아기를 잘 키울 수 있는 아늑한 쉼터를 개척하는 데 힘과 용기를 줄 수 있는 사람들을 찾도록 노력해야 한다.

이제 그들은 이른바 거세게 몰아치는 격랑을 헤쳐 나가야만 한다. 어쩌면 여러분이 혼자 감당하기 힘든 문제들이 끊임없이 생길지도 모른다. 때로는 전혀 생각해 본 적도 없는 몸매의 변화 때문에 고통스럽기도 할 것이다. 또 많은 사람들의 도움을 받기보다 오히려 절망과 고통으로 몰아넣을 이야기들을 한 마디씩 거들 것이다.

하지만 다른 사람들이 무엇이라고 하든, 그들 자신은 이미 신체적인 성숙이나 사회적 통념과는 상관없이 성인의 길을 선택했다. 그런 만큼 학교생활, 가족, 대인 관계, 신체적 불편함, 몸매의 변화, 자긍심, 친구 관계, 건강 문제들이 동시에 여러분을 짓누르는 스트레스로 작용할 것이다.

그들이 해결해야 할 문제들을 새삼스럽게 일깨워주려는 것이 아니다. 다만 이제 그들의 인생에서 가장 중요한 것은 아기에 대한 사랑이며, 한 아기의 부모로서 여러분을 지원해 주는 사람들과 긴밀하고 바람직한 관계를 유지해야 한다는 사실을 강조하고 싶을 뿐이다. 이제 그들은 당분간 그 이외의 것들은 나중으로 미루거나 자신의 삶에서 지워야 한다.

나는 그들에게 태아를 건강하게 보살피는 법을 익히고, 주치의의 조언을 충실하게 따르며, 새롭게 펼쳐질 그들의 인생을 대비할 수 있는 관련 서적들을 최대한 많이 읽을 것을 권하고 싶다.

아기의 인생과 건강, 그리고 그들의 삶과 건강은 전적으로 자신에게 달려 있기 때문이다. 동시에 자기 성찰을 통해 마음을 차분하게 다스리는 한편 자신과 아기가 함께 할 아늑하고 사랑이 넘치는 보금자리를 만들어야 한다. 이때 어머니의 도움을 받을 수 없다면, 자주는 아니더라도 이따금 찾아와 꼬옥 안아주고 등을 토닥여주며, 자신의 고충을 귀담아 들어주고, 전화로 육아 상담을 해줄 수 있는 사람을 찾아라. 그러면 그는 십대들도 좋은 엄마가 된다는 데 큰 힘이 될 것이다.

아기마사지는 여러분의 아기를 이해함으로써 무엇으로도 끊을 수 없는 애틋한 유대감을 형성하도록 도와줄 것이다. 그런 만큼 날마다 규칙적으로는 못하더라도, 아기가 태어난 이후부터 일주일에 한 번씩, 또는 이틀에 한 번씩은 하도록 노력하는 것이 좋다. 가능하면 아기마사지 전문 강사에게 교육을 받는 것이 바람직하다.

다음은 유대감을 형성하는 데 필요한 요소들이다. 가능하면 하루도 빠짐없이 실천하도록 최선을 다하라.

- 아기와 피부 접촉을 한다.
- 따뜻하고 다정하게 눈을 맞춘다.
- 아기와 이야기를 하며 놀아준다.
- 모유나 우유를 먹일 때는 아기의 얼굴을 바라본다.
- 잠깐이라도 날마다 아기를 가슴에 품어준다.
- 생후 3개월 동안은 강렬한 향수나 향이 강한 물건들을 사용하지 않는다.

육아 초기에 수면 부족으로 시달릴 때 다음과 같은 사항을 주의해야 한다. 아기를 혼자 두거나, 육아에 대해 잘 모르는 사람, 믿음이 가지 않는 사람에게는 절대로 아기를 맡기지 않는다. 말로나 신체적으로 아기에게 벌을 가해서는 안 되며, 신을 원망하거나 아기를 저주해서도 안 된다. 스트레스가 가득 쌓여 혼자만의 시간이 필요할 때는, 잠시 다른 사람에게 아기를 맡기는 것이 좋다. 그런 뒤 15분 정도 산책을 하거나, 심호흡을 하고, 그도 아니면 좋아하는 음악에 맞춰 춤을 추어라. 그러면 기분 전환에 많은 도움이 될 것이다. 명심할 것은 울음은 아기의 대화 방식이며, 아기들도 때로는 할 말이 많다는 사실이다. 따라서 아기가 운다고 해서 아기를 혼자 두거나 벌을 주어서는 안 된다.

더 자세한 내용은 이 책을 참고하면 될 것이다. 특히 울음과 짜증, 배앓이, 애착에 관한 부분을 보면 큰 도움이 될 것이다. 아기가 태어난 지 1~2년 동안 여러분이 하는 일은 평생의 토대가 될 것이다. 물론 십대인 여러분에게 1~2년은 아주 길게 느껴질 것이며, 장담하건대 그 시간은 여러분이 생각했던 것보다 훨씬 더 힘들고 많은 희생을 요구

할 것이다.

그렇다고 해도 견뎌내야만 한다. 이것은 원했든 원치 않았든 스스로 책임져야 할 여러분의 인생이며, 분명 언젠가 좋은 엄마로서의 역할을 충실히 수행한 자신에게 뿌듯함을 느낄 날도 올 것이다. 또 현재의 어려움을 극복하고 차근차근 시작하다 보면, 예전에 미처 몰랐던 여러분의 자질과 능력을 확인할 수도 있을 것이다.

아기도 자기의 부모가 얼마나 좋은 사람인지 알게 되면서 점차 여러분에게 의지하게 될 것이며, 그에 따라 그들은 작은 한 사람의 역할 모델이 된다. 그런 만큼 그들은 자신을 발전시키기 위해 지속적으로 노력하게 될 것이며, 아기는 그런 그들을 자랑스럽게 여길 것이다.

아버지가 되는 길

한 아이의 아버지가 된다는 것은 아이를 만드는 일보다 훨씬 더 많은 시간과 노력이 필요하다. 만약 십대 아버지의 아기가 태어났다면, 아기와 접촉할 수 있는 시간을 최대한 많이 가지라고 권하고 싶다. 설령 그들이 더 이상 아기 엄마와 함께 하지 않을지라도, 아기 엄마가 아기를 직접 키우기로 결정했다면, 그들은 어떤 식으로든 아기를 키우는 데 협조해야 한다.

아기 엄마가 최대한 스트레스를 적게 받을 수 있는 환경을 마련해 주도록 노력하고, 자신보다 아기를 우선으로 생각해야 한다. 이때 아버지이든, 교회 목사이든, 학교 상담 교사이든, 지역봉사센터의 상담 교사이든 십대 아버지의 역할 모델이 될 수 있는 남자 어른에게 도움을 받을 수 있는 방법을 찾아보는 것이 좋다. 또 육아와 관련된 갖가지

서적을 읽어보고 능력이 닿는 한 아이를 키우는 일에 적극적으로 동참하는 것이 바람직하다.

한편 아기를 키우는 데 필요한 비용을 마련하기 위해 자신을 위해 하고 싶은 많은 일들을 희생해야 할지도 모른다. 그러나 중요한 것은 경제적 도움을 주는 것보다 아기와 친밀한 유대감을 형성하는 일이라는 사실을 잊어서는 안 된다.

만약 아기 엄마가 비난하고 따돌릴지라도, 아기에게 좋은 아버지가 될 수 있는 일이라면 무슨 일이든 해야 한다. 예를 들면 부모가 공동 상담을 받도록 노력한다거나, 감정을 앞세우지 말며, 자존심을 버려야 하는 것이다. 십대 아버지를 위한 육아 강좌나 워크숍에 참여하는 것도 큰 도움이 될 것이다. 아기 엄마에게 경제적으로나 정신적으로 아기를 돕기 위해 최선을 다하고 있다는 인상을 심어주도록 노력해야 한다. 이때는 분명 아기 엄마에게도, 또 아기 아빠인 여러분에게도 대단히 견디기 힘든 시간이 될 것이다.

그러나 진심으로 부탁하고 싶은 것은 날마다 아기 인생의 일부가 되어줄 수 있도록 최선을 다하라는 것이다. 이것은 인생에서 빼놓을 수 없는 중요한 일이다. 나중에 나이가 들어 자신의 인생을 되돌아보면서 후회하는 일은 없도록 아기와 끈끈한 부자 관계를 형성하는 데 최선을 다해야 한다. 그러면 자신과 아이는 앞으로 희망과 행복이 가득한 삶을 살아가게 될 것이다. 한 아기의 아버지가 된다는 것은, 준비가 되었든 아니든 어엿한 성인의 길을 갈 때가 되었음을 뜻한다. 그런 점에서 분명하게 말할 수 있는 것은, 다정하고 책임을 다하는 좋은 아버지가 되어 아기에게 훌륭한 역할 모델이 되도록 최선을 다한다면,

아기에게 충분한 보상을 얻을 수 있다는 사실이다.

만약 아기 엄마가 아기를 입양 기관에 보내기로 결정했다면, 요즘은 '공개 입양'을 하는 곳이 많기 때문에, 아기의 생부로서 할 수 있는 최선을 다해야 한다. 우리 모두가 잘 알고 있듯이 아기의 신체적·정서적·정신적 건강을 지켜주는 일이 그 무엇보다 우선되어야 하며, 아기에게 적당한 때를 마련해 주기 위해 자신을 기꺼이 희생해야 하며, 결과가 어찌 되든 우리의 아이들을 버리는 일은 절대로 없어야 한다. 부디 아기를 지켜주기를 간곡하게 당부하고 싶지만, 그러나 자신과 아기를 위해 입양이 최선의 길이라고 선택했다면, 진심으로 아기의 행복을 빌어주길 바란다.

세상의 부모들에게

자신의 아기를 위해 최선을 다할 수 있도록 십대 부모들에게 힘과 용기를 주는 일이 중요하다고 생각한다. 덧붙여 이 글을 썼다고 해서 내가 십대의 임신을 너그럽게 포용해야 한다고 주장하는 것은 결코 아니다. 아기를 낳아 키운다는 것이 무엇인지 온몸으로 겪은 부모라면 그것이 얼마나 어리석은 짓인지 잘 알기 때문이다. 그리고 나 역시 많은 십대들이 임신을 하고 그들 나름의 정당성으로 아기를 키우겠다고 결심하는 현실을 정확히 알지 못했었다. 그러나 어찌됐든 그들을 비난하고 궁지로 몰아세우기보다는, 훌륭한 부모가 될 수 있도록 교육하고, 힘과 용기를 주는 것이 어른인 우리가 할 수 있는 최선의 선택이라는 결론을 내리게 되었다.